MARKUS CASPERS

ZEICHEN DER ZEIT
SEMIOTIK FÜR MEDIEN, DESIGN, KUNST
UND KOMMUNIKATION

DAS BUCH

Die Semiotik ist eine hervorragende Methode, um
ästhetische, nonverbale Erscheinungsformen im Alltag,
in den Medien, der Kultur und der Kunst zu analysieren
und zu hinterfragen. Ursprünglich aus der strukturalen
Linguistik zu Beginn des 20. Jahrhunderts hervorgegan-
gen, ist die Semiotik heute aus vielen Disziplinen wie
der Soziologie, den Kunst-, Design- und Kulturwissen-
schaften nicht wegzudenken. Was ist das Besondere an
der Semiotik als Erkenntnistheorie und als praktische
Wissenschaft? Wieso eignet sie sich für die Forschung
und die Berufspraxis? Dieses Buch erklärt die wichtigsten semiotischen Begriffe und Theoreme, um sie dann
anhand von Beispielen aus den oben genannten Bereichen zu überprüfen. Wer mit Medien, visueller Kommunikation, Design, Kunst, Mode und nonverbalen Systemen
im weitesten Sinn zu tun hat, wird hier Methoden finden,
um komplexe Zeichensysteme nicht nur zu analysieren,
sondern auch zu konstruieren. Im zweiten Teil des Buchs
werden semiotische Theoreme in die Wissenschaftstheorie eingeordnet und der Bezug zu anderen Wissenschaften, vor allem zur Soziologie, herausgearbeitet.
Diese überarbeitete Ausgabe enthält neben einigen
sprachlichen Klärungen zahlreiche weitere Beispiele und
semiotische Analysen und eine tiefere Einbettung in die
Wissenschaftstheorie und -geschichte.

DER AUTOR

Markus Caspers arbeitet seit drei Jahrzehnten an
semiotischen Fragen, gestaltungspraktisch als Designer,
Fotograf und Künstler, wissenschaftlich als Autor und
Hochschullehrer. Caspers ist promovierter Designwis-
senschaftler und seit 2009 Professor für Gestaltung und
Medien an der Hochschule Neu-Ulm. Er unterrichtet
Designtheorie an der Folkwang Universität der Künste
Essen. Caspers hat zahlreiche Bücher und Beiträge zu
den Themen Design und Popkultur verfasst.

MARKUS CASPERS

Zeichen der Zeit

SEMIOTIK FÜR MEDIEN, DESIGN, KUNST UND KOMMUNIKATION

INHALT

ZEICHEN DER ZEIT – SEMIOTIK FÜR DESIGN, MEDIEN, KUNST UND KOMMUNIKATION

VORBEMERKUNG

Dieses Buch ist ein im doppelten Sinn praktisches Buch. Es ist einerseits aus der Lehrpraxis entstanden und soll Studierenden und interessierten Profis eine Einführung in das semiotische Denken ermöglichen. Es ist außerdem praktisch, weil es sich auf zahlreiche Beispiele aus unserem Alltag bezieht und an diesen die semiotische Methode auf die Probe stellt. Der Anspruch war, die Semiotik für Aufgaben aus den Bereichen Grafikdesign, Webdesign, Advertising Design, Informationsgestaltung, Produktgestaltung, Industrial Design, Fotografie, Innenarchitektur, Architektur, Modedesign, aber auch für die Felder Kunstvermittlung und ästhetische Erziehung fruchtbar zu machen. Berufspraktiker, die seit Jahren erfolgreich und häufig intuitiv an ästhetischen Aufgaben und Problemstellungen arbeiten, stehen oft vor Legitimierungszwängen sowohl inhärent-gestalterischer als auch kommunikativ-strategischer Natur; ihnen soll dieses Buch bei der Strukturierung und Einordnung ästhetischer Phänomene helfen.

In jedem Bereich unseres Lebens, sei es in der Produktions-, in der Konsumtions- oder in der privaten Sphäre, sind wir täglich, ja unablässig mit Zeichen konfrontiert. Viele Zeichen lesen und produzieren wir intuitiv, fast automatisch; bei anderen denken wir nach und überlegen, ob wir sie richtig verstanden oder angewendet haben. Das kann die Frage sein, in welchem architektonischen Umfeld ein neues Automobil für eine Werbekampagne fotografiert werden soll; es kann bedeuten, dass man sich fragt, welche Kleidung man aus Anlass einer Einladung zu einem Abendessen anziehen soll, um weder zu steif noch zu lässig zu wirken. Es kann mit der Auswahl von Fotos, von Schrifttypen, von Accessoires oder Formfragmenten zu tun haben; mit dem Lesen von Verkehrszeichen und Piktogrammen in fernen Ländern. Semiotische Fragestellungen ergeben sich beim Kinobesuch genauso wie auf der eigenen Webpräsenz und den darin enthaltenen Botschaften. Semiotik ist eine praktische Wissenschaft, sie knöpft sich unsere Umwelt vor, hinterfragt die Selbstverständlichkeit der Erscheinungen und entdeckt hinter allzu vielem, das wir für natürlich halten, die Geschichte von ideologischen Verformungen, von kulturellen Schichtungen, die man lesen und verstehen kann. Die Kategorien Geschmack, Stil, Mode, Zeitgeist, mit denen häufig versucht wird, Dinge einzuordnen, bleiben oft vage und sind häufig der situativen Beeinflussung unterworfen. Demgegenüber versucht die Semiotik, das Erkennen auf der Basis von Anschauung und Wahrnehmung, Einordnung und Vergleich zu fördern und Erkenntnis zu gewinnen. Daraus ergeben sich Folgerungen, Schlüsse, Entscheidungen.

Durch die Entstehung der Popkultur vor nunmehr über sechs Jahrzehnten hat die Alltagsästhetik einen neuen Stellenwert erhalten – Design im weitesten Sinn hat unser Leben durchdrungen. Es gibt keine ungestalteten Bereiche mehr; die Zeichenproduktion und -verwendung sind allgemein verfügbare Kulturtechniken geworden. Ob es sich um die neue Brille eines Politikers handelt, die Inszenierung einer Bühnenshow, die Sneakermode einer Subkultur oder das Piktogramm auf der WC-Tür: Menschen kommunizieren mit allem, was sie haben und mit allem, was sie tun – nicht nur mit Sprache. Das zu beleuchten und zu analysieren ist eine spannende Aufgabe, die mit Hilfe der Semiotik nicht nur gelingt, sondern obendrein noch Spaß macht und Erkenntnis bringt.

KLEINE GEBRAUCHSANWEISUNG

Als Student las ich Roland Barthes' *Mythen des Alltags* zum ersten Mal; das Buch kam für mich einer Erleuchtung gleich. Endlich ließen sich für die disparatesten ästhetischen Erscheinungen und Phänomene Kriterien finden, waren Analysen möglich. In meinem eigenen beruflichen Werdegang als Künstler, Grafikdesigner, Fotograf und Designwissenschaftler hat mich die semiotische Analyse begleitet und in vielen praktischen wie theoretischen Fragestellungen konstruktiv unterstützt.

Dieses Buch ist sowohl für Leser gedacht, die sich zum ersten Mal mit der Zeichentheorie beschäftigen als auch für die, die ihre bereits gemachten Erfahrungen noch einmal überprüfen wollen. Wer sich also bereits auskennt, wer Peirce, de Saussure, Eco und Barthes im Original gelesen hat, mag dieses Buch als Begleitlektüre sehen, die zum ein oder anderen Thema neue Fragen aufwirft und dadurch zur Erklärung beiträgt.

Diese Einführung ist in Kapitel gegliedert, die sich nach den wichtigsten semiotischen Grundbegriffen richten. Da diese Begriffe oft verschieden gedeutet werden und ihre Komplexität sich erst schrittweise erschließt, gibt es zu manchen Begriffen mehrere Absätze über das Buch verteilt.

Die wichtigsten Begriffe, Definitionen und Modelle sind im Text fett hervorgehoben, in der Marginalspalte wiederholt oder als Grafik in den laufenden Text eingebaut. Verweise auf frühere Zusammenhänge finden sich dort ebenfalls. Im Anhang gibt es ein Glossar mit den wichtigsten im Buch verwendeten Termini.

Das Buch soll als Übung zur Analyse visueller und anderer nonverbaler Zeichen dienen. Ich habe versucht, zu jedem Kapitel und jedem Begriff ein Beispiel aus dem Alltag zu finden. Die „Proben" genannten Kapitel widmen sich komplett der Analyse komplexer Zeichen aus verschiedenen Gestaltungsbereichen wie Grafikdesign, Produkt Design, Werbung oder Fotografie, um allen LeserInnen für die jeweils speziellen Interessengebiete eine Analyseempfehlung zu geben.

Die Semiotik wird von manchen WissenschaftlerInnen als rein pragmatische Methode, von anderen als Teil einer umfassenden Erkenntnistheorie gesehen. Auf die Wissenschaftsgeschichte und Entwicklung der Semiotik gehe ich im dritten Teil des Buches ein; in den vorausgehenden Teilen des Buches nur dann, wenn es mir nötig erscheint, bestimmte Positionen aus der Zeit heraus zu erklären. Auch die Wissenschaft unterliegt Zeitläuften, folgt Denkstilen und vorherrschenden Meinungen wie andere Kulturbereiche ebenfalls.

Das Anliegen dieser Einführung in das semiotische Denken ist die Etablierung der Semiotik als angewandte Forschung und intellektuelle Praxis im (Berufs-)Alltag. Ich habe deshalb versucht, möglichst viele und verschiedene Beispiele aus gestalterischen Disziplinen auszusuchen, an deren Analyse sich zeigen soll, was Semiotik leisten kann und was sie gestaltenden, rezipierenden und beurteilenden Augen zu bieten hat.

Ich danke allen bisherigen LeserInnen, die diese überarbeitete Ausgabe initiierten; ich danke den Studierenden der Hochschule Neu-Ulm und der Folkwang Universität der Künste Essen für ihre Fragen, die dieses Buch entstehen ließen und es weiterentwickelten.

Markus Caspers; Stuttgart im November 2018

Zeichen der Zeit

SEMIOTIK FÜR MEDIEN, DESIGN, KUNST UND KOMMUNIKATION

ERSTER TEIL:
VON ZEICHEN UND BEDEUTUNGEN

EINE WELT DER ZEICHEN

Sie wachen morgens auf. Sie schauen aus dem Fenster, der Himmel ist bewölkt und grau. Es wird regnen, denken Sie, ich sollte etwas Entsprechendes anziehen. Doch etwas in Ihrem Kopf sagt Ihnen: „es ist Mitte Juni, also Sommer, und ich werde mir den Sommer nicht durch diesen Regentag vermiesen lassen". Also ziehen Sie eine Jacke an, die einem eventuellen Regen standhält, doch darunter kleiden Sie sich leicht und sommerlich. Auf der Straße, auf dem Weg zum Bus begegnen Sie Menschen, die sich ganz ähnlich wie Sie auf Regen eingestellt haben. Manche tragen einen Regenschirm mit sich, ohne ihn zu öffnen. Im Büro begrüßt Sie eine Kollegin mit den Worten: „Wenigstens du hast den Sommer mitgebracht!" Und mit einem Blick auf Ihre Fußbekleidung fügt sie hinzu: „Gehst du später segeln? Und wenn ja, mit wem?"

Dies ist eine konstruierte Szenerie, die sich so ähnlich tagtäglich abspielen könnte. Ich muss gar nicht erklären, was vor sich geht, jenseits der Sprache haben Sie die Szenerie bildlich vor Augen, Sie „sehen" den Text und haben für die Details vermutlich ganz klare visuelle Entsprechungen vor Augen. Warum kommt die Kollegin auf die Idee, Sie könnten segeln gehen? Vielleicht, weil Sie Schuhe tragen, deren Schnitt und Form auf das Bedeutungsfeld »sportliche Freizeitaktivität, Wassersport, Segeln« hinweist. Wir haben gelernt (zumindest innerhalb bestimmter soziokultureller und ökonomischer Umgebungen), dass flache Schuhe mit abgestepptem Vorderteil und einer durch die Schulterlinie des Schuhs durchgezogenen Lederschnur das Segeln „bedeuten" - egal, ob die Träger der Schuhe segeln können oder nicht. Ihr Schuh ist daher nicht einfach ein Kleidungsstück mit der definierten Funktion »Schutz des Fußes«, sondern

Segeln für Landratten – zumindest der passende Schuh dafür

heute zuallererst ein nonverbales Zeichen, ein Kommunikationsinstrument, das Ihren Mitmenschen Informationen über Ihre Vorlieben und Vorstellungen mitteilt. Unter Umständen sind Sie sich dessen gar nicht bewusst, unter Umständen tragen Sie bestimmte Kleidungsstücke jedoch ganz bewusst, um Assoziationen entstehen zu lassen – bei sich und anderen. Sie wollten den Sommer betonen (und Ihre Kollegin hat bestätigt, dass es Ihnen gelungen ist), deshalb haben Sie sich, falls Sie weiblich sind, möglicherweise für eine Farbkombination aus Blau und weiß entschieden (etwas, was man landläufig als „maritim" bezeichnet, also einen Urlaub am Meer evoziert); falls Sie männlich sind, haben Sie möglicherweise (abhängig vom Corporate Behaviour Ihres Arbeitsumfeldes) eine leichte, helle Hose gewählt und ein Hemd, das nicht gebügelt werden muss. Wir werden später auf die Feinheiten dieser Bedeutungsträger eingehen und auf die Bedeutung tragenden Elemente im Detail zurückkommen. (Ein Vorab-Beispiel: Der oberste Hemdknopf, je nachdem, ob er offen oder geschlossen getragen wird, macht die Opposition von leger bzw. casual im Gegensatz zu formell deutlich: Der oberste Hemdknopf ist das so genannte distinktive Element, das zwei komplett verschiedene Zusammenhänge voneinander unterscheidet – ein einziger Knopf!)

Wer hat Ihnen eigentlich gesagt, dass Sie sich auf Regen einstellen sollen? Wir haben gelernt, dass bestimmte Wolkenformationen, Farben und Helligkeitswerte für bestimmte atmosphärische Gegebenheiten stehen, die wir als Wetter bezeichnen. Eines dieser Wetter ist Regenwetter. Der Himmel liefert uns also einen Hinweis auf die meteorologische Entwicklung des Tages. Das nennt man ein **indexikalisches Zeichen: Etwas, das auf etwas anderes hinweist, eine Spur, ein Anzeichen.** Wie Sie vielleicht sofort gefolgert haben, sind Indizes bzw. indexikalische Zeichen die bevorzugten Werkzeuge aller Krimi- und Thrillerautoren, während Indianer, Trapper und Detektive

Index: Erscheinung, Zustand oder Hinweis auf etwas (Ort, Zeit, Ereignis). Spur, Fährte, Symptom.

die Meister des Lesens von Indizes sind. Sie lesen daraus Vergangenheit und mögliche Entwicklung. Übrigens gilt der britische Schriftsteller Arthur Conan Doyle als ein unabsichtlicher Semiotiker der ersten Stunde, da seine Figur Sherlock Holmes in unnachahmlicher Weise Objekte und Handlungen des Alltags als Zeichen zu lesen versteht, die ihm die Lösung eines Kriminalfalles ermöglichen. Das Prinzip gilt bis heute: Eine warme Motorhaube ist im Krimi nicht einfach eine warme Motorhaube, sondern ein Zeichen dafür, dass der Wagen bis vor kurzem bewegt wurde. Der Kriminalroman im Allgemeinen hat, ebenfalls ohne wissenschaftliche Absicht, ein Axiom nicht nur der Semiotik, sondern auch der Kommunikationstheorie ver-

Watzlawick 1993, S. 50 f.

deutlicht: Man kann nicht nicht-kommunizieren, man kann nicht nichts bedeuten. Jede Handlung, unbewusst oder bewusst, kann von jemand anderem gelesen werden; sie kann als Zeichen verstanden werden, dessen eigentliche Bedeutung oder Inhalt oder Sinn nicht in der Handlung selbst liegt, sondern in einer dahinter oder darunter liegenden Ebene (der Verdächtige schwitzt nicht, weil es heiß ist, sondern weil er etwas verbirgt). Das kann absurde Züge annehmen, wenn in skandinavischen oder amerikanischen Thrillern Serienkiller mit ihren ritualisierten Morden Botschaften an die Ermittler senden, die so fein codiert sind, dass die Tatsache der Menschentötung oft hinter dem Knacken des Codes verschwindet. Oder es kann ganz pragmatisch und makaber zugleich sein, wenn die Entwicklung von Fliegenlarven für die Bestimmung des Todeszeitpunkts herangezogen wird: In diesem Fall stehen die Larven nicht für das Leben an sich, sondern als Index für etwas anderes, nämlich den Tod eines Lebewesens. Die Fliegenlarven sind Zeichen geworden.

Kommen wir noch einmal aufs Wetter zurück: Ein Regenschirm ist eben nicht bloß ein Objekt, ein Werkzeug, das die Funktion hat, Regen von uns fern zu halten, sondern der Regenschirm wird zum Zeichen seines sozialen

Gebrauchs. Er bedeutet Regenwetter, ob es nun wirklich regnet oder nicht. Beispiel gefällig? Welches Land gilt als das regenreichste in unserer Hemisphäre? England. Wie kennzeichnete man über Jahrzehnte einen Briten? Bowler und Regenschirm. Womit wir bei John Steed aus der TV-Serie *The Avengers/Mit Schirm, Charme und Melone* wären, eine der ersten Serien, in der die Ausstattung (Kleidung, Frisuren, Fahrzeuge, In-

terieurs etc.) ganz bewusst auf das Lesen tieferer Inhaltsebenen anspielt, ja vielleicht sogar nur aus dem Lesen der verschiedenen Formen besteht, denn die „Fälle", also der literarische Inhalt bzw. die Plots, sind hanebüchen. Man könnte auch sagen: Mit *Schirm, Charme und Melone* ist stylish oder einfach Pop. Und in der Tat verdankt sich die Entstehung der Popkultur einer Epoche, in der das Erzeugen und Lesen können von Zeichen wichtiger wurde als je zuvor. Ja, man kann sagen, dass die Popkultur eine Kultur der konnotativen Bedeutungen ist, also eine Kultur, in der das Verstehen von Codes wichtiger ist als die Zuordnung von Form (Signifikanten) zu Inhalten (Signifikaten).

Ein Regenschirm, der nicht das Wetter, sondern »Britishness« bedeutet, aus der TV-Serie *The Avengers*. © ABC/ITV

Natürlich haben Sie bemerkt, dass das eingangs von mir geschilderte Beispiel (die Segelschuhe) keine wahre Geschichte ist, die ich genau so erlebt habe und Ihnen erzähle, damit Sie eine Person kennen lernen oder eine größere Geschichte verstehen, sondern ein Beispiel, an dem Sie verstehen sollen, dass die Dinge nicht nur das sind, was sie vorgeben zu sein. Ich hätte die Aufzählung möglicher Zeichen unendlich erweitern können: Die Form des Autos Ihres angeberischen Nachbars; die verschiedenfarbigen Kennzeichnungen der U-Bahn-Linien; der Aufnäher auf der Jacke ihres Sitznachbarn etc. In den meisten Fällen sind die Dinge, die uns umgeben und mit denen wir uns umgeben, mehr und etwas anderes als sie selbst: Sie sind Zeichen. Was das bedeutet, werden wir auf den nächsten Seiten untersuchen.

1.
DAS ZEICHEN

Wieso denken wir in Zeichen, wieso denken wir, wie wir denken?

Menschliche Kommunikation basiert darauf, dass wir jenseits körperlicher Affekte und instantaner Reaktionen auf Umwelteinflüsse eine Abstraktion vom Hier-und-jetzt vornehmen können. Dazu bedienen wir uns der Technik, sinnlich wahrnehmbare Formen mit mentalen Bildern und Vorstellungen (das, was wir Geist oder Bewusstsein nennen) zu verbinden. Menschliche Kommunikation verknüpft Inhalte mit Formen – diese Verknüpfung nennen wir Zeichen.

$\dfrac{\text{A}_{\text{usdruck}}}{\text{I}_{\text{nhalt}}}$	$\dfrac{\textbf{Signifikant / Bezeichnendes}}{\textbf{Signifikat / Bezeichnetes}}$

Das Zeichensystem, das uns als erstes in den Kopf kommt, weil es das ursprünglichste und stärkste zu sein scheint, ist die Sprache. Die Vorstellung von Etwas verbinden wir mit einer Lautkombination, die wir gelernt haben: das gesprochene Wort ist die wahrnehmbare Form seines mentalen Inhalts. Beide gemeinsam bilden ein Zeichen. Sprechen erlaubt uns, auch über Dinge zu sprechen, die jenseits unseres Hier-und-jetzt liegen. Diese naheliegende Funktion von Zeichen versteht man vielleicht besser, wenn man sie in ihr Gegenteil verkehrt und Sprache als etwas Sonderliches, Beschwerliches begreift. In *Gullivers Reisen* schickt der Autor Jonathan Swift seinen Helden im dritten Teil des Romans in das Land Laputa und in die Große Akademie von Lagado, wo sich die Gelehrten den Kopf über mannigfaltige Probleme der Menschheit zerbrechen. Ihre Lösungen bestehen in einer paradoxen Umkehrung der bekannten Verhältnisse. Einer dieser Vorschläge läuft darauf hinaus, die Sprache abzuschaffen, und nur noch mittels der Dinge selbst zu kommunizieren. Das entlaste angeblich den Sprechapparat (Zunge, Stimmbänder, Kehlkopf, Lunge) und mache die Existenz verschiedener Sprachen, die zu erlernen sind, überflüssig:

> „Viele der Gelehrtesten und Klügsten halten sich jedoch an den neuen Plan, sich durch Gegenstände auszudrücken. Dabei gibt es nur einen Nachteil. Wenn die Angelegenheit, um die es geht, sehr umfangreich und differenziert ist, sieht man sich gezwungen, ein verhältnismäßig großes Bündel von Gegenständen auf dem Rücken mit sich herumzutragen, es sei denn, man kann sich einen oder zwei starke Diener leisten. Ich habe oft zwei dieser Weisen gesehen, die beinahe unter der Last ihrer Bündel zusammenbrachen wie bei uns die Hausierer. Sie pflegten auf der Straße ihre Lasten abzulegen, ihre Säcke zu öffnen und sich eine Stunde lang zu unterhalten. Darauf packten sie ihr Zubehör wieder ein, halfen sich gegenseitig, ihre Bürde wieder aufzunehmen, und verabschiedeten sich.
>
> Für kurze Unterhaltungen braucht man jedoch nur ausreichendes Zubehör in den Taschen und unter dem Arm zu tragen, und zu Hause kann man nicht in Verlegenheit kommen. Daher ist auch der Raum, wo sich die Gesellschaft trifft, die dieser Kunst frönt, in greifbarer Nähe von allen Gegenständen voll, die als Material für diese Art künstlicher Unterhaltung notwendig sind.
>
> Ein weiterer großer Vorteil, der im Zusammenhang mit dieser Erfindung vorgebracht wurde, war die Tatsache, daß sie uns als Universalsprache dienen werde, die man bei allen zivilisierten Völkern verstehen könne, deren Waren und Geräte im allgemeinen identisch oder einander ähnlich seien, so daß ihre Verwendung leicht verständlich sei. Auf diese Weise könnten Botschafter mit fremden Fürsten oder Staatsministern verhandeln, deren Sprache ihnen völlig fremd sei."

Jonathan Swift: Gullivers Reisen. Stuttgart 1987, S. 241

Swift beschreibt hier ex negativo die Funktion jedes Zeichensystems: Die Kommunikation und die Bedeutungsproduktion durch die Kopplung einer Form mit einem Inhalt – kurz gesagt die Zeichenverwendung – macht uns unabhängig von Ort, Zeit und Gegebenheit. Wir können über Dinge kommunizieren, die es im wirklichen Leben gar nicht gibt. Wir können abstrakt denken. Wir sind symbolisch handelnde Lebewesen.

Menschen können nur kommunizieren, indem sie Formen suchen und schaffen, die Inhalte transportieren. Unser Denken braucht Formen, um sich zu manifestieren. Reinen Geist können wir nicht erkennen. Die andere Seite, die reine Form existiert ebenso wenig. In dem Moment, in dem wir eine Form wahrnehmen, koppeln wir sie mit einem Begriff, einem Konzept, einer Idee. Wenn das nicht geschieht, nehmen wir auch die Form nicht wahr. Der Vorwurf des Formalismus, den man immer wieder künstlerischen Äußerungen gemacht hat, trifft ins Leere: Auch wenn sich der Inhalt nicht direkt erschließt, besitzt jedes ästhetische Konstrukt Zeichencharakter und verfügt damit über beide Seiten. Viele dieser Inhalt-Form-Kombinationen haben wir gelernt: Als Sprache, als Verhalten, als Stil, als Geschmack etc., als Zeichensysteme der verschiedensten Art. Es kann vorkommen, dass wir rätseln, welche Inhalte eine bestimmte, uns noch unbekannte Form wohl transportieren mag; es kann sein, dass wir der Erläuterung bedürfen, um Formen mit Inhalten zu koppeln und Sinn herzustellen. Es kann sein, dass jemand für Inhalte Formen sucht und findet, die nur einem verschwindend kleinen Teil der Menschheit verständlich sind. Manchmal braucht es Zeit, manchmal Erläuterung, manchmal beides, um diese neuen Zeichen populär zu machen. Umgekehrt kann es vorkommen, dass Geschichte, dass politische, soziale, ökonomische oder kulturelle Veränderungen die Kopplungen zwischen Formen und Inhalten auflösen und wir nicht mehr verstehen, was ein Zeichen bedeutet bzw. bedeutet hat.

Bevor wir sprechen können, können wir sehen. Sehen ist nicht einfaches visuelles Aufnehmen, im Sehen liegt der Ursprung des Verstehens. Menschen sind sinnliche Wesen, nur was unser sensorisches Rezeptorium uns über die Welt mitteilt, können wir in unser Fühlen, Denken und Handeln integrieren. Der Wahrnehmung kommt damit ein entscheidender Anteil am Denken zu. Wahrnehmen heißt, die Sinnesdaten zu ordnen, zu vergleichen und zu analysieren. Man kann sich nun streiten, ob man die Wahrnehmung deshalb als Denken, als Vorstufe des Denkens oder als Paralleltätigkeit zu diesem bezeichnet, vieles spricht dafür, dass wir bereits in Bildern denken, bevor wir sprechen können. Der Schweizer Entwicklungspsychologe Jean Piaget hatte in den 1930er Jahren Untersuchungen mit Kleinkindern angestellt, die belegten, dass es – entgegen der vorherrschenden Annahme – sehr wohl ein Denken vor der Sprache gibt. Auch aus der phylogenetischen Entwicklung des Menschen können wir folgern, dass unsere Vorfahren schon denken konnten, bevor sie so komplex sprachen, wie wir das heute selbstverständlich und, häufig genug, natürlich finden. Die Beobachtungen der Evolutionsbiologie und der Verhaltensforschung legen sogar den Schluss nahe, dass auch Tiere, ohne sprechen zu können, sehr wohl denken: Sie ordnen, bilden Kategorien, benutzen Werkzeuge, können in gewisser Weise sogar lügen bzw. betrügen.

Jean Piaget: Das Erwachen der Intelligenz beim Kinde. Stuttgart 1969

Z. B. intelligente Verhaltensweisen bei Rabenvögeln und Tintenfischen

Der Umstand, dass wir Bilder so viel schneller verstehen als Sprache und uns umgekehrt so viel schwerer tun, Bilder sprachlich zu fassen, mag damit zu tun haben, dass wir die Welt zuerst bildlich, sinnlich erfahren und verstehen. Die **Semiose**, also die Bildung bzw. Herstellung von Zeichen, basiert auf der Kopplung einer sinnlich wahrnehmbaren Form mit der Vorstellung einer geistigen Einheit, eines Begriffs oder Begriffsfeldes. Dieser Begriff ist als Abstraktion zu begreifen, im seltensten Fall überlappt der Vorstellungsbegriff mit einem realen Objekt der Wahrnehmung. Diese Abstraktionsleistung macht es uns überhaupt erst möglich, über Sachverhalte und Emotionen zu kommunizieren, die nicht unsere eigenen, direkt unserer Lebenswirklichkeit entspringenden sind.

Semiose:
Zeichenprozess;
Zeichenbildung und
-verwendung

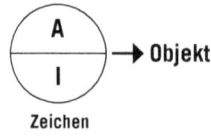

Zeichen → Objekt

Wir formulieren: **Ein Zeichen muss einen Bezug zu etwas haben, aber es ist nicht dasselbe, sondern etwas von etwas Anderem unterschiedenes. Es steht für etwas anderes.**

Ein Zeichen besteht laut einer bekannten Definition aus zwei Seiten, die untrennbar miteinander verbunden sind: Letzteres nennt man fachsprachlich Dichotomie. Der Begründer der modernen strukturalen Linguistik, Ferdinand de Saussure, hat dafür ein Bild gefunden: Ein Zeichen sei wie ein Blatt Papier – zwei Seiten, untrennbar miteinander verbunden. (Das zweiseitige Zeichenmodell stammt aus der europäischen Denktradition, das heute vorherrschende dreiseitige Zeichenmodell bzw. das »semiotische Dreick« wurde von anglo-amerikanischen Denkern präferiert. Auf die Unterschiede und Gemeinsamkeiten kommen wir im nächsten Kapitel zu sprechen.)

F. de Saussures
Bild für ein
Zeichen: zwei
Seiten, ein
Blatt Papier

Im weiteren Verlauf werden wir von A (Ausdruck) und I (Inhalt) sprechen, aber auch von den fachsprachlichen Entsprechungen **Signifikant** (abgekürzt: S'ant) und **Signifikat** (abgekürzt: S'at), dem **Bezeichnenden** und dem **Bezeichneten**.

Ein Beispiel: Dieses Schild wird zum Zeichen durch seine Signifikanten (u. a. das Bild eines Fahrrads) und das damit verbundene Signifikat »Fahrrad«. Erst beide gemeinsam ergeben ein Zeichen. Weitere Signifikanten sind der rote Kreis, dessen Signifikat dem Inhalt »Verbot« entspricht.

Dieses Verkehrszeichen bedeutet uns, dass auf der Straße, vor der es steht, Fahrradfahren nicht erlaubt ist.

Klar, sagen Sie, da ist ja auch ein Fahrrad zu sehen! Aber schauen Sie sich
das Fahrrad genau an: Würden wir es,
wie in manchen Zeichentrickfilmen
üblich, einfach aus dem Schild heraus-
nehmen können, um damit unseren
Verfolgern zu entkommen, landeten
wir auf der Nase. Das Fahrrad hat weder Kurbeln, Pedale noch Speichen, es
funktioniert nicht. Das Bild des Fahrrads enthält jedoch genügend visuelle
und aus Erfahrung gespeicherte Marker, die die Identifikation des Bildes

mit dem Begriff »Fahrrad« einfach machen. Es geht um
das idealtypische Fahrrad, um ein Fahrrad, das wir sozusagen alle im kollektiven Gedächtnis haben, das aber bei
Niemandem auf dieser Erde in der Garage steht. Dieses
Fahrrad gibt es nicht, obwohl jeder sagen würde: Das ist
ein Fahrrad! Die Abstraktion vom realen Gegenstand (die
wir lernen müssen) sorgt übrigens dafür, dass sich bei diesem Zeichen auch Besitzer von Mountainbikes, BMX- und
Rennrädern angesprochen fühlen, obwohl die abgebildete Form eher dem Typus des altmodischen Herrenrades
oder Hollandrades entspricht.

2.

DAS SEMIOTISCHE DREIECK

Die Semiotik ist eine sehr alte Denk- und Verfahrenstradition, die in der griechischen Klassik beginnt und bis in die Theoriebildung des 20. Jahrhunderts hinein wirkt. Viele philosophische, erkenntnistheoretische und wissenschaftstheoretische Positionen haben sich des Zeichenbegriffs bedient und jeweils eigene Modelle entwickelt, um die zwei bzw. drei Seiten des Zeichens im Erkenntnis- und Kommunikationsprozess darzustellen. Dabei ergänzen sich einige Modelle und deren Terminologie, andere widersprechen sich bzw. benutzen synonyme Bezeichnungen für teilweise unterschiedliche Teile des Dreiecks. Die von mir verwendete Terminologie versucht, das Zeichenmodell de Saussures in seiner Erweiterung und Präzisierung durch Umberto Eco mit den Überlegungen der amerikanischen Pragmatiker Charles S. Pierce und Charles W. Morris zu einem fruchtbaren Kompromiss zu verbinden. Das semiotische Dreieck ist eines der unklarsten Modelle der Semiotik, weil über einen Zeitraum von hundert Jahren etwa zwanzig Logiker, Philosophen und Sprachwissenschaftler den Eckpunkten des Dreiecksmodells manchmal ähnliche, manchmal sehr verschiedene Bezeichnungen gegeben haben, hinter denen sich teilweise konträre Vorstellungen verbergen.

Wir hatten bis jetzt gesagt, dass ein Zeichen etwas ist, das für etwas anderes steht. Deshalb ist ein Fahrrad auch erst einmal nur ein Fahrrad und seine Form verbinden wir mit dem Inhalt »Fortbewegung auf zwei Rädern aus eigener Kraft«. Das macht es nicht automatisch zu einem Zeichen. Denn das Fahrrad als Objekt steht an sich nicht für etwas anderes, es „ist sich selbst". Erst wenn ich es bewusst wahrnehme und in Beziehung zu meinem Leben, meiner Umwelt setze, kann ein Zeichen daraus werden.

Erste Folgerung: Zeichen existieren nicht an sich, sondern nur für uns. Wir sind es, die aus Objekten, Handlungen und Zuständen Zeichen machen. Ein Foto aus Amsterdam oder Kopenhagen mit vielen Fahrrädern sagt mir dann, dass das Fahrrad z. B. für eine bestimmte Kultur oder ein Verkehrskonzept stehen kann. In dem Film *Fahrraddiebe* von Vittorio de Sica (1948) wird das Fahrrad zum Zeichen einer fragilen menschlichen Existenz, die zu zerbrechen droht, als das Fahrrad gestohlen wird. Ohne uns, die wir ständig Zuschauer, Beobachter, Interagierende und damit Interpreten sind, ergibt sich aus einer wahrgenommenen Form kein Zeichen.

Zeichen existieren nicht an sich, sondern nur für uns.

Interpret

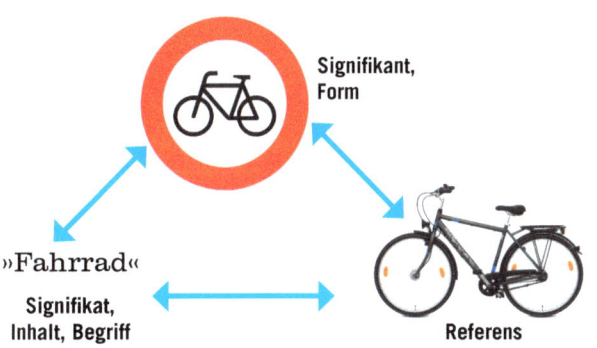

Signifikant, Form

»Fahrrad«

Signifikat, Inhalt, Begriff

Referens

Das Bild bzw. die Form bezieht sich auf tatsächlich existierende Objekte, ohne diese zu sein.

Sehen wir uns das Verkehrszeichen /Fahrrad fahren verboten/ noch einmal an. Das abgebildete Fahrrad ist eine bildliche Repräsentation eines gedachten Fahrrads. Es würde als Fortbewegungsmittel nicht funktionieren, es deckt auch nicht alle Fahrradtypen ab, dennoch sind wir bereit, dieses Bild eines Fahrrads stellvertretend für alle Fahrräder dieser Erde gelten zu lassen. **Es ist ein Bild für unsere Idee vom Fahrrad.**

Zweite Folgerung: Das Bild des Fahrrads im Verkehrszeichen bzw. seine Form bezieht sich auf tatsächlich existierende Fahrräder, ohne diese zu sein. Es hat eine Bezugsfunktion, es hat ein Referens.

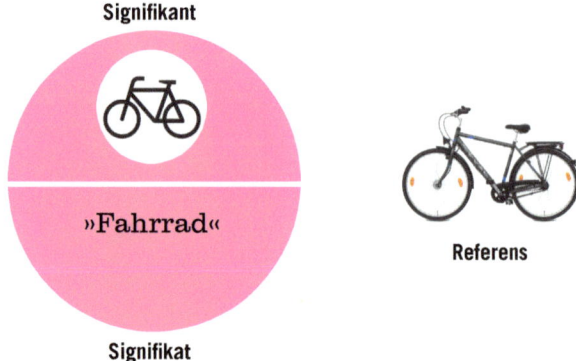

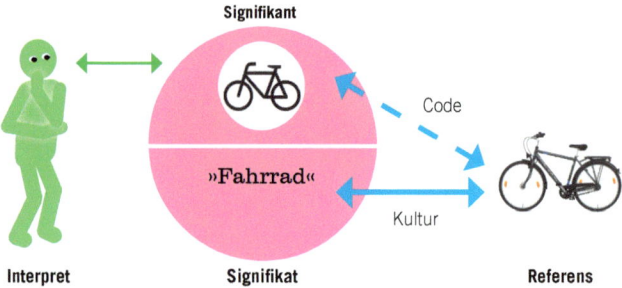

Erläuterung: Der Mensch als Interpret nimmt einen Signifikanten wahr, der in einer bestimmten Form, die ein Code regelt, sein Referens repräsentiert (ikonisch, symbolisch, indexikalisch). Das mit dem Signifikanten verbundene Signifikat ist ein mentales Bild des Referenten bzw. eine kulturelle Einheit.

Wir fassen zusammen: Ein Zeichen hat zwei Seiten, die sinnlich wahrnehmbare Form, Signifikant genannt, und das damit verbundene gedankliche Konstrukt, das Signifikat. Sowohl die Form als auch der Inhalt beziehen sich auf das Referens, etwas in der Welt Vorhandenes, auch wenn es sich dabei nur um einen Gedanken handelt oder ein Fabelwesen. Der Bezug des Signifikanten zum Referens wird durch einen Code geregelt, den wir kennen bzw. lernen müssen. Die Beziehung des Signifikats zum Referens scheint natürlich bzw. aus Erfahrungswissen gebildet zu sein – aber das werden wir noch genauer un-

tersuchen. Wir nehmen einen kulturellen Lernprozess
an. Denn ob es sich um einen in eine andere Sprache
übersetzten Begriff oder ein identisches Objekt handelt,
zwischen verschiedenen Kulturen kann ihr referentieller
Inhalt, ihre Bedeutung sehr verschieden sein. Für die einen ist ein Fahrrad Reichtum und Freiheit, weil es dazu
dient, sich überhaupt von Ort zu Ort bewegen zu können.
Für andere ist das Fahrrad ein Statussymbol innerhalb einer nostalgischen Kultur geworden, in der „Style" (= die
Codierung) mehr zählt als Gebrauchswert. Und für wieder andere ist es die ökologisch sinnvolle Alternative zum
benzingetriebenen Individualverkehr...

Statt von Zeichen zu sprechen sollte man besser vom
ständigen Bezeichnen und Zeichenlesen sprechen, also
eher von der Tätigkeit des Zeichen-Machens, der Semiose. Denn das Lexem /Zeichen/ suggeriert, es gäbe ein
Arsenal fertiger Zeichen, die nur darauf warteten, endlich von uns erkannt, gelesen und wieder vergessen zu
werden. Zeichen sind manchmal flüchtige, manchmal be-
ständige Ergebnisse von Zeichenprozessen; sie sind Produkte der Kultur. Das ursprüngliche semiotische Dreieck
ist also eigentlich auch kein Dreieck mehr, sondern eher
ein Vier-, möglicherweise ein Fünfeck. Statt Diskussio-
nen um die Richtigkeit des einen gegenüber dem anderen
Modell zu führen, sollte man sich ein wenig Geschmeidig-
keit bewahren und das zweiseitige, das dreiseitige oder
das mehrseitige Modell immer dann heranziehen, wenn
es am besten der Erklärung dient. Es gab Semiotiker, die
den Signifikanten mit dem Zeichen gleichgesetzt haben
und das Signifikat mit den Begriffen Symbol oder Sinn.
Im Anschluss an de Saussure, Hjelmslev, Barthes und
Eco definieren wir, dass ein Zeichen aus zwei Bereichen
besteht, dem Bezeichnenden und dem Bezeichneten und
dass sich diese beiden Bereiche auf ein Referens beziehen müssen.

Nur: Was hat es mit dem Referens auf sich?

3.

DAS REFERENS

Ein Zeichen existiert erst, wenn wir sein Bezugsobjekt, das **Referens**, mitdenken. Worauf beziehen sich demnach Signifikant und Signifikat?

René Magritte: La trahison des images (Der Verrat der Bilder), 1929.

Das Bild des belgischen Malers René Magritte ist mindestens zweifach von Interesse: Erstens visualisiert es ein scheinbares Paradoxon, das offensichtlich mit der Verbindung von Signifikant und Referens zu tun hat; gleichzeitig visualisiert das Bild das große Interesse an der Verfasstheit von Kommunikation im frühen 20. Jahrhundert. Magritte gehörte der surrealistischen Bewegung an, die den Bildern, vor allem den assoziativen Bildern aus Träumen, Rauschzuständen und unbewussten Tiefen große Bedeutung beimaß. Die surrealistische Literatur versuchte, die Diskontinuität, den abrupten Wechsel, das Assoziative des Bilddenkens in Sprache zu überführen. Der Film schien den Surrealisten das perfekte Medium zu sein, um Bilder und bewegte visuelle Formen zu einer scheinbar irrationalen Folge zu montieren, deren „Sinn" nicht präformiert war, sondern vom Betrachter individuell erschlossen werden musste. Und schließlich baute der Surrealismus auf die damals avantgardistische Methode der Freud'schen Psychoanalyse auf, die so etwas wie eine Semiotik des Unterbewussten war. Freud versuchte, den Traumbildern psychische Inhalte zuzuordnen. Er wollte der Form eines geträumten Gegenstands nicht ihren alltäglichen Funktions-Inhalt, sondern einen anderen, noch nicht kodierten, noch nicht gesellschaftlich gelernten Inhalt zuordnen, um der Neurose auf die Spur zu kommen (ein Sherlock Holmes der Psyche). Das Verdrängte benutzt nach Freuds Theorie Bilder, um sich mitzuteilen; der Psychoanalytiker muss aus diesen Bildern auf das Verdrängte schließen.

Magritte malt also eine Tabakspfeife, die keine Pfeife sein will: „Ceci n'est pas une pipe / Dies ist keine Pfeife". Was damals und auch heute noch den Betrachter irritierte und amüsierte, ist die gekonnte Visualisierung eines Paradoxons: **Die Form eines Zeichens ist nicht das Ding selbst, sondern eine kodifizierte Repräsentation davon.** Selbstverständlich kann Ölfarbe auf Leinwand keine brauchbare Tabakspfeife abgeben. Und der Magritte'schen Pfeife ergeht es ähnlich wie dem Fahrrad auf dem Verkehrszeichen: Sie kommt zwar illusionistisch dreidimensional daher, mit Glanz-, Licht- und Schatteneffekten, aber sie ist nur eine idealtypische Pfeife ohne reales Vorbild. Außerdem weist Magritte auf das semiotische Faktum hin, dass die Koppelung von Form und Inhalt im doppelten Sinn willkürlich, arbiträr ist: Könnte die Form (die Pfeife) nicht für einen ganz anderen Inhalt stehen? Könnte das Bild der Pfeife nicht auch ein symbolisches Zeichen sein, also etwas, das für etwas anderes steht? Für ein bourgeois-männliches Selbstbild? Für den Inzest? Für Penisneid? Für erloschenes Leben (die Pfeife ist aus, sie ist kalt)? Jetzt sind Sie dran: Bitte weitermachen mit möglichen Deutungen!

Die Beziehungen zwischen den Komponenten eines Zeichens sind also nicht ganz einfach. Behalten wir vorerst:

Form
Ausdruck
Bezeichnendes
Signifikant
/ /

A) Es gibt die sinnlich wahrnehmbare Seite eines Zeichens, die wir alltagssprachlich als Form oder Ausdruck, fachsprachlich aber als Bezeichnendes oder Signifikant benennen. Grafisch werden wir diese Seite durch Schrägstriche / / kennzeichnen.

Inhalt
Konzept
Bezeichnetes
Signifikat
» «

B) Es gibt eine inhaltliche Seite des Zeichens, die das mentale Konzept, die Idee bzw. die kulturelle Einheit benennt, fachsprachlich das Bezeichnete oder Signifikat. Grafische Kennzeichnung dafür sollen die französischen Anführungszeichen » « sein.

Bezug
Artefakt/Mentefakt
Referens

C) Es gibt einen Bezug von A) und B) auf ein Objekt oder eine Handlung, auf ein wahrnehmbares Etwas in der realen Welt oder auf etwas, das als Mentefakt in der realen Welt vorkommt.

Der Signifikant /Pfeife/ mit dem Signifikat »Rauchutensil für Tabak« bezieht sich auf die Tabakspfeife als C) realen Gegenstand aus der Welt. Die Signifikanten /Einhorn/, /Jenseits/, /Gott/ oder /Yeti/ haben klare und teilweise historisch sehr umfangreiche Signifikate, haben aber dennoch keine materielle Entsprechung, die wir sinnlich wahrnehmen oder einwandfrei physikalisch belegen können. Es sind Gedanken, Mentefakte, für die der Mensch Bilder gefunden hat und für diese Bilder wiederum Signifikanten. In diesem Fall sind die Mentefakte die Referenten.

Da prinzipiell alles zum Zeichen werden kann, ergibt sich immer wieder die Frage (und damit verbunden das Verständnisproblem), ob Zeichen schon immer da waren oder jeweils neu entstehen. Wer macht sie?

Gerade in mythischen Erzählungen werden Naturer-
eignisse oder Umweltgegebenheiten zu Zeichen: Ein Blitz
mahnt zum Lebenswandel, eine Begegnung mit einem
Tier, das mit den Menschen sprachlich kommuniziert,
stellt vieles in Frage. Sofern wir nicht annehmen, dass
für alles, was da ist, eine Person oder ein Etwas nicht nur
verantwortlich ist, sondern sogar intelligibel steuernd
eingreift, können wir nicht anders, als Zeichen so zu definieren, **dass alles zum Zeichen für uns, aber auch nur
durch uns werden kann**. Ein Haus ist erst einmal nur ein
Haus und kein Zeichen – es ist, was es ist, eine menschliche Behausung. Es kann aber sein, dass die spezielle
Signifikation dieses Hauses (Form, Verzierung) oder bestimmte ablesbare Einflüsse auf seine Form (Zeitläufte,
Wetter, Ereignisse wie Krieg, Katastrophen etc.) dieses
/Haus/ in den Augen eines Interpretanten zum Signifikanten für die Signifikate »das Elend«, »die Not«, »ein Verbre-
chen« oder auch »die gute alte Zeit« machen. Potentiell
kann daher alles in der Welt ein Zeichen werden. Es muss
jedoch weder Zeichen werden, noch muss es Zeichen bleiben. Der Mensch sucht unablässig Signifikanten, er sucht
den mit ihnen verbundenen Sinn.

Man hat lange angenommen, dass diese gerade be-
schriebene Semiose (Zeichenwerdung) die Ausnahme
und die bewusste Gestaltung von Zeichen die Regel sei
(das formulierte Eco im Anschluss an die Arbeiten von
Roman Jacobson). Das hatte mit der Annahme zu tun, es
gebe per se präformierte ästhetische Zeichen; eine Annahme, die man als Kultursemiotiker nicht aufrecht erhalten
kann. Heute arbeiten zwar ungezählte Menschen im weitesten Sinn an der Gestaltung, das heißt an der bewussten Zeichenqualität von Dingen und Handlungen. Wenn
wir sprechen oder durch Mimik und Gestik kommunizieren, wenn wir uns kleiden, wenn wir tanzen, ein Instru-
ment spielen oder fotografieren, produzieren wir jedoch
ebenfalls unablässig Zeichen, egal ob wir diese Tätigkei-
ten professionell oder zufällig und einmalig tun. Umber-

Alles kann zum
Zeichen für uns, aber
auch nur durch uns
werden

Eco 1977, S. 44

25

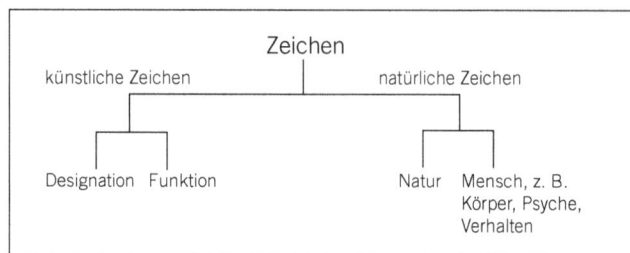

to Eco hat vorgeschlagen, eine Einteilung von Zeichen in künstliche und natürliche Zeichen vorzunehmen. Die künstlichen Zeichen unterteilt er wiederum in designative (bewusst Botschaften sendende) und in funktionale (rein für den Gebrauch, die Funktion bestimmte) Zeichen, eine Einteilung, deren Sinn wir noch (mit Hilfe von Eco selbst) in Frage stellen werden.

4.
REPRÄSENTATIONSFORMEN

Was geschieht, wenn wir die Figur / / mit dem Inhalt »Pfeife« identifizieren oder wenn ich das Wort – genau genommen das Lexem – /Himmel/ schreibe und Sie sich darunter etwas Konkretes vorstellen können? Könnte die Kopplung von Form und Inhalt nicht auch ganz anders sein?

Sie könnte. Vielleicht haben Sie sich als Kind auch schon einmal gefragt, warum es überhaupt verschiedene Sprachen gibt oder warum bestimmte Sachverhalte so heißen und nicht anders? Damit sind wir bei der Frage, warum die Signifikanten so aussehen oder so klingen, und nach welchen Regeln sie das tun. Bevor wir in dieses Thema einsteigen, noch folgender Hinweis: In diesem Buch geht es vor allem um non-verbale Zeichensysteme wie Bilder, Designs, Produkte, Stile. Die menschliche Sprache war es jedoch, an der sich bereits in der Antike die Frage nach dem Zeichen entzündete. Um 1900 versuchte die moderne Linguistik das System der Sprache neu, nämlich struktural zu analysieren; in ihrem Gefolge entstand die moderne Semiotik als Methode und Wissenschaft. Viele Begriffe und Verfahrensweisen hat die Semiotik von der Linguistik übernommen, nachdem man Sprache nicht mehr als einziges Zeichensystem, sondern als eines von vielen begriff. Für den Einstieg in das nächste Thema eignet sich die Sprache besonders.

Die indogermanischen, arabischen, slawischen und romanischen Sprachen (in phonetischer und verschriftlichter Form) sind ganz weitgehend **symbolische** Zeichensysteme, das heißt die Form der Inhalte wurde willkürlich festgelegt, oder auch anders gesagt: die Signifikanten sind nicht motiviert. Willkürlich (fachsprachlich: **arbiträr**) bedeutet, dass es keine notwendige, natürliche, sinnhafte, mimetische Beziehung zwischen der Form und dem

Symbol: arbiträre Beziehung des Signifikanten zum Referens

Arbiträr bedeutet, dass
es keine motivierte,
natürliche, mimetische
Beziehung zwischen
der Form und dem
Referens gibt.

Peter Bichsel:
Kindergeschichten.
Darmstadt 1986
(1969), S. 18-27.

Referens gibt. Himmel könnte auch Lemmih, tsmok oder F heißen, aber auch heaven, sky, ciel, cielo etc. Das bedeutet wiederum nicht, dass jeder machen kann, was er will. Der Schriftsteller Peter Bichsel hat 1969 mit dem Text *Ein Tisch ist ein Tisch* eine Parabel darüber geschrieben, wie es wäre, wenn jemand auf die Idee käme, die Dinge anders zu benennen, weil das im Prinzip eine willkürliche Entscheidung ist. Der Haken an der Sache ist die notwendige **Konventionalisierung**: Wenn sich keine genügend große Gruppe Menschen findet, die die willkürliche neue Kopplung von Form und Inhalt akzeptiert, gelingt keine Konventionalisierung (wie dem Mann in Bichsels Geschichte). Findet sich eine genügend große Gruppe (sei es freiwillig oder durch Order von Staats wegen), könnte es funktionieren. Bisher ist das vor allem in totalitären Staaten versucht und in Dystopien wie *1984* von George Orwell beschrieben worden. Dort lautet eine Parole „Freiheit ist Sklaverei": Der Inhalt des Begriffs- /Freiheit/ wird willkürlich durch einen neuen, dem totalitären System passenden Inhalt ersetzt, um die Freiheit abzuschaffen. Die Strategie, Zeichen umzudeuten oder durch das Einordnen in neue Kontexte mit neuen Bedeutungsbestandteilen zu versehen, ist seit dem Beginn des medialen Zeitalters und innerhalb pluralistischer Gesellschaften eine verbreitete, häufig jedoch ironische oder subversive Vorgehensweise.

Jenseits der symbolischen Signifikantensysteme gibt es mimetische, also nachahmende oder auch motivierte Sprachelemente. Schlagen Sie einen Comic auf, von Entenhausen über Gotham City bis nach Fort Laramy oder zu einem kleinen gallischen Dorf und es wimmelt überall von nachahmenden Sprachelementen, die Geschwindigkeit, Wucht, Kraft, Schmerz ausdrücken und sich dazu akustischer Anleihen bedienen. Und wie macht der Hund? Wau wau, wuff wuff, jauuul!. Nachahmende, lautma-

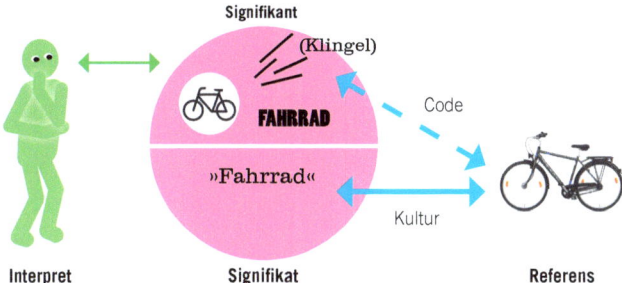

Erläuterung: Das Signifikat »Fahrrad« kann vom Interpreten z. B. als Piktogramm (ikonisch), als Geräusch (indexikalisch) oder als Schriftzug (symbolisch) wahrgenommen bzw. verwendet werden. Der Code regelt die inneren Beziehungen des Signifikanten (Stil der Zeichnung, Klang, Schriftbild) innerhalb der kulturellen Sphäre, in der das Fahrrad als Zeichen auftaucht: Fröhliches Klingeln in einem heiteren Film, aufs Nötigste reduzierte Grafik im Straßenverkehr, die typografische Gestaltung im Rahmen einer Geschäftsausstattung.

lende Sprache: Klickklack, Pengpeng, Töfftöff. Aber in unseren Nachbarländern bellen die Hunde schon wieder anders, Katzen jaulen und Autos hupen verschieden. Wir verstehen: Trotz gewisser mimetischer (nachahmender) bzw. ikonischer Momente sind Zeichensysteme in den meisten Fällen nach soziokulturellen Kriterien ein Stück weit „arbitrarisiert", kulturisiert worden.

Es gibt in asiatischen Kulturkreisen Schriften, die sich aus vereinfachten Abbildungen von Objekten und Handlungen herausgebildet haben, also Schriftzeichensysteme, die auf **ikonischen** Qualitäten aufbauen (z. B. das japanische Kanji mit seinen Piktogrammen). Ikonisch nennen wir Zeichen immer dann, wenn die Form eine hohe Entsprechung hinsichtlich sinnlich wahrnehmbarer Qualitäten beinhaltet (wie im Beispiel des Fahrrads). Ikon bedeutet dem Ursprung nach Bild; man kann davon ausgehen, dass Bilder im „reinen Sinn" (Illustrationen, Piktogramme, Grafiken, Malerei, Fotografie, aber auch Formen von Skulptur, Tanz und anderen darstellenden Künsten), die über ein hohes Maß an Wiedererkennbar-

Ikon: motivierte, abbildhafte Beziehung des Signifikanten zum Referens

keit verfügen, schneller und einfacher erlernt werden als Indizes und Symbole und ab einem bestimmten Entwicklungsstadium auf der ersten Ebene nahezu selbst erschließend sind, während Symbole und Indizes immer erlernt bzw. durch Erfahrung erworben werden müssen. Ikonische Zeichen werden manchmal nach Graden der Ikonizität eingeteilt, wobei dann eine Fotografie den höchsten Grad an Ikonizität besäße und die ungegenständliche Malerei der Moderne einen geringen Grad. Aber das ist eine verkürzende Betrachtung, denn der Grad der Ikonizität ist kulturell und sozial determiniert. Gerade am Ikon sehen wir, dass es niemals „Natur" in der Kommunikation gibt. Dass Symbole von Menschen konventionalisiert werden müssen, ist klar. Aber auch die scheinbar einfacher zu verstehenden ikonischen Signifikanten unterliegen Konventionalisierungen und fußen auf Absprachen kulturell und sozial einheitlicher Gruppen. **Zeichen sind also nie natürlich, sondern immer Kultur.**

Vgl. Kapitel 11 zur Fotografie

Index: „Anzeichen"; physisch hinweisende oder kausale Beziehung des Signifikanten zum Signifikat und raumzeitlicher Bezug zum Referens

Auch die Wolkenformation, die wir als »drohendes Gewitter« deuten, ist ein kulturell formiertes Zeichen, weil wir ohne eine Kultur, die meteorologische Phänomene sofort als ökonomische und soziale Daten deutet, die Wolken nicht als Signifikanten wahrnehmen würden. Es handelt sich bei diesem Beispiel um ein **indexikalisches Zeichen** (oder **Index**), auf das wir bereits ganz am Anfang des Buchs gestoßen sind: Zustände, aus denen jemand (ein Detektiv im weitesten Sinn) liest, was geschehen ist oder geschehen könnte. Das indexikalische Zeichen gilt manchen Semiotikern nicht als „echtes", codiertes Zeichen, sondern als eine Natur- oder Kulturerscheinung, die der Mensch aus Erfahrung liest und deutet.

Wir hatten bereits weiter vorne festgestellt, dass die Signifikanten auf verschiedene Weise codiert sein können: Im Fall des Verkehrszeichens war es eine ikonische Repräsentation, die das Signifikat »Fahrrad« bedeutet; wenn ich die verschriftlichte Form /Fahrrad/ schreibe, benutze ich eine symbolische Repräsentation; höre ich auf der Straße ein Klingeln, das nach einer Fahrradglocke klingt, oder ein rhythmisches Scheppern, das ich als /Klappern eines Fahrrads/ deute, haben wir es mit einer indexikalischen Repräsentation zu tun.

Ikon, Symbol und Index können wir auch mit den Attributen **Äquivalenz**, **Übereinkunft** und **Erfahrung** belegen. Ein ikonisches Zeichen muss ästhetische Qualitäten seines Referens besitzen (akustisch, visuell, haptisch, olfaktorisch etc.), die wir als äquivalent bezeichnen können. Symbole sind, wie wir gesehen haben, auf gesellschaftlicher Übereinkunft gebaut – sie verfügen über keine Äquivalenzen, sondern ihre Arbitrarität macht eine Konventionalisierung notwendig. Indexikalische Zeichen sind mit einem Vorrat an Erfahrung und Alltagswissen zu lesen und zu erschaffen: Sie basieren auf dem Ursache-Wirkung-Prinzip, oder der körperlichen Erfahrung von Bewegung, Raum und Zeit, sinnlichen Erfahrungsdaten.

Code und Kultur bestimmen die Form der Signifikanten und die Inhaltsbestandteile des Signifikats. Der Code, indem er regelt, wie die Form organisiert ist; die Kultur, indem sie beeinflusst, welches mentale Bild dem Signifikat zugrunde liegt. Das überprüfen wir, indem wir mehrere Varianten ein und desselben Verkehrszeichens miteinander vergleichen, also stark konventionalisierte und formal nahezu identische Signifikanten. Wir werden überprüfen, ob sich jenseits der international kodifizierten Bedeutung des Verkehrszeichens weitere Bedeutungsaspekte über die Codierung der Signifikanten „einschleichen".

4.1
PROBE: FUSSGÄNGERÜBERWEG

NL

SK

I

A

D

Nehmen wir diese Verkehrszeichen mit dem Inhalt »Fußgängerüberweg«. Sie sind zusammengesetzt aus mehreren Form- und Inhaltsbestandteilen, wir nennen sie vorerst Marker, wir könnten auch von verschiedenen Semen (Bedeutungsbestandteile oder Bedeutung tragende Elemente) sprechen. Zunächst ist da die Form des Quadrats mit abgerundeten Ecken. Das Quadrat bildet den äußeren Formanten des Zeichens. Seine Bedeutung stellt sich differentiell her: das Quadrat unterscheidet sich vom Dreieck und dem Kreis, die ebenfalls Formanten für andere Verkehrszeichen bilden. Die Bedeutung des Quadrats besteht darin, a) nicht »Gebot«, »Verbot«, »Gefahr« zu bedeuten, und b) in Verbindung mit den anderen Markern ein Gesamtzeichen zu bilden.

Das Quadrat ist blau eingefärbt und steht damit in Unterscheidung zu roten und gelben Verkehrszeichen. Die Farbe Blau im vorliegenden Zeichen, amtlich „Richtzeichen 350-10" genannt, stellt ein symbolisches Sem dar, das in Verbindung mit der quadratischen Grundfläche den Inhalt »Vorrang für Fußgänger; Autofahrer richten sich nach den Fußgängern« repräsentiert.

Innerhalb des blau eingefärbten Quadrats befindet sich ein weißes Dreieck, das den Grund für eine schwarze Grafik bildet. Das Dreick ist ein weiteres Sem, das »Vorsicht« bzw. »Gefahr« signifiziert. Die weiße Fläche ist bei den Verkehrszeichen häufiger anzutreffen; sie ist ein neutraler Hintergrund für verschiedene Piktogramme und Symbole.

Nun wenden wir uns dem eigentlichen Untersuchungsgegenstand zu, dem Piktogramm. Von dem Sachverhalt ausgehend, dass Signifikate kulturelle Einheiten sind, fragen wir uns, ob auch hoch codifizierte und vereinheitlichte Signifikanten kulturelle Eigenheiten besitzen, die

die These vom Zeichen als kultureller Einheit stützen. Wir sehen Männer mit Hut, Männer in Eile, Männer in lässiger Haltung und schließlich ein Unisex-Wesen. Die Übereinkunft der verschiedenen nationalen Institutionen für dieses Verkehrszeichen umfasst die Darstellung einer menschlichen Figur, die im Gehen begriffen ist und auf Streifen wandelt, deren Zahl variabel ist. Die Figur und die Streifen bzw. Balken heben sich als Positiv-Negativ-Kontrast vom einfarbigen Hintergrund ab.

Eine ikonografische Tradition unseres Kulturkreises hat die seitliche Ansicht eines Menschen, dessen Beine scherenartig auseinanderstreben, in Verbindung mit den vom Oberkörper wegstrebenden Armen als Darstellung von »gehen« kodifiziert. Es gibt selbstverständlich auch andere Darstellungsmöglichkeiten, doch für die silhouetteartige Darstellung ohne Binnenzeichnung eignet sich die seitliche Ansicht am besten. Um Räumlichkeit zu bedeuten, sind die Balken, die für den Fußgängerüberweg stehen, perspektivisch verzerrt, d. h. sie laufen nach „oben", im Querschnitt sich verjüngend, aufeinander zu, was wir im Zuge einer Wahrnehmungs- und Darstellungstradition, die mit der italienischen Renaissance beginnt, als „nach hinten" und somit als räumlich verstehen.

Soweit die Übereinstimmungen bzw. die Minimal-Semantik des Zeichens. Aber jetzt beginnen die Unterschiede, die im Kontext »Verkehr« keine primäre Bedeutung tragen, sondern offensichtlich eher einem historisch gewachsenen soziokulturellen Blick geschuldet sind. Zunächst einmal fällt auf, dass nur Männer die Straße überqueren. Selbst die von allem sozialen und kulturellen Zierrat entkleidete neue Piktogramm-Figur ganz unten kommt eher männlich daher (ein banales Darstellungsproblem, hinter dem ein Wahrnehmungs- und Definitionsproblem steht: Aus »Mann« und »Frau« lässt sich grafisch kein gemeinsames Zeichen machen), das vorliegende Piktogramm soll »Mensch« bedeuten.

CH   SK

Schauen wir uns die schweizer Version des Zebrastreifens und im Vergleich die slowakische genauer an. Es scheint, als gäbe es bei Piktogrammen einen visuellen Dialekt, der dafür sorgt, dass regionale und nationale Besonderheiten in die ikonische Darstellung integriert werden, um sich innerhalb eines gegebenen Kontextes eine Eigenart zu bewahren: Schweizer, Österreicher und Deutsche sprechen zwar »Deutsch« als gemeinsame Sprache, aber mit jeweils sehr speziellen Eigenheiten. So ist es auch bei den Piktogrammen: Der Schweizer trägt einen formellen Hut, ein tailliertes Sakko und eilt sicheren Schritts mit vorgerecktem Oberkörper über den Zebrastreifen - dem landestypischen Stereotyp nach vermutlich zur Bank. Der Slowake mit Schiebermütze und einfacher Arbeitsjacke federt seinen Schritt tief ab, geht lässig über die Straße - nach der Arbeit in die Kneipe? Achten Sie auf die Streifen: Der Anzahl und Länge nach sind schweizer Straßen breiter als slowakische (sieben zu fünf Zebrastreifen), man könnte daraus auch lesen, dass die Schweiz urbaner und reicher ist.

In den nächsten Kapiteln werden wir erneut auf die Definition von Signifikaten als kulturellen Einheiten eingehen. Verkehrszeichen sind gute Beispiele, an denen sich zeigen lässt, dass Zuordnungen von bestimmten Bedeutungseinheiten und Inhalten zwischen verschiedenen Gesellschaften selten identisch sind. Auch die ikonische Repräsentation von »Fahrrad« differiert: an den Piktogrammen fehlen mal die Kurbeln, mal die Kette...

4.2
PROBE: TOILETTENAUSZEICHNUNG

Auf der ganzen Welt haben sich Piktogramme einge-
bürgert, grafische Kürzel für Tatbestände oder Verhaltensweisen. Viele verstehen wir intuitiv, wenn es sich um
ikonische Repräsentationen handelt: wir werden den Ba-
bywickelraum am Flughafen nicht mit der Raucherloun-
ge verwechseln. Was aber, wenn nicht mehr sicher ist, ob
der Signifikant ein Ikon oder ein Symbol ist – oder aber
beides?

Dreiecke sind oft Wegweiser; das hat mit ihrer Her-
kunft als Pfeilspitze zu tun, die als Richtungsanzeiger
diente. Während ein Pfeil, der zur Jagd oder zum Kampf
dient, ohne Pfeilschaft und Nocke nicht tauglich ist, kann
man zur symbolischen Richtungsanzeige darauf verzichten und ganz auf die Pfeilspitze setzen. Nun taucht die
erste Frage auf: Ist die zum Dreieck stilisierte Pfeilspitze ein Ikon oder, wie oft behauptet wird, ein Symbol? Da
wir nicht mehr in einer Kultur der Jäger leben, kann man
argumentieren, dass der (Jagd-)Pfeil als Referens nahezu verschwunden ist und das Dreieck der Signifikant für
ein allgemeineres Referens geworden ist, das »Richtung«
heißt und eine symbolische Übereinkunft ist. Man kann
aber auch der Meinung sein, dass ein Pfeil nach wie vor
aktuell als Referens dienen kann (schließlich leben wir
auch nicht mehr in der Kreidezeit und beschäftigen uns
dennoch ausgiebig mit Dinosauriern) – dann wäre er ein
Ikon.
Mehr als diese Diskussion soll uns aber das mit dem Signifikanten verbundene Signifikat beschäftigen. Der spit-
ze Winkel des Pfeildreiecks weist in eine Richtung – oder
die Richtungsanzeige besteht aus einer Opposition wie
»hoch« vs. »hinunter« oder »links« vs. »rechts«. Wenn Sie
also folgende Zeichen sehen, könnten Sie denken: „Ein
Aufzug; es geht entweder hinab oder hinauf".

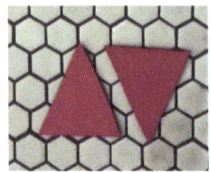

Hinweis auf ...? in Tallin

Aber diese Zeichen stehen nicht neben der Aufzugtür, sie kleben an einer Wand, die mir in einem Restaurant den Weg zu den Toiletten zeigt. Hat man dies verstanden (es handelt sich um ein Restaurant in Estland), dann taucht die nächste Frage auf: Welcher Pfeil bzw. welches Dreieck steht für welches Geschlecht? Sind die Dreiecke ikonisch oder symbolisch codiert? Wenn ikonisch, welche Referenten sind gemeint? Welche äußeren Geschlechtsmerkmale lassen sich auf Dreiecke reduzieren oder damit abbilden?

Ein anderes Restaurant hält die Lösung bereit: Die im ersten Restaurant verwendeten Dreiecke sind verkürzte Ikone; sie bekommen ihren differentiellen Sinn erst durch eine Ergänzung, die Betrachter leisten müssen – wenn auch in Gedanken: Durch Hinzufügen einer Kreisform ergänzen sich die Dreiecke zu Piktogrammen, die

Hinweis auf Toiletten
in Tallin.
Fotos: Eva Moeraert

Mann und Frau darstellen bzw. jeweils eine Kopf mit typisierten Körpern. Man kann nun einwenden, dass diese Typisierung nicht wirklich stringent ist: Das nach unten gerichtete Dreieck soll den männlichen Körper darstellen, dessen Merkmal offensichtlich breite Schultern sein sollen; das weibliche Pendant dagegen öffnet sich nach unten und lässt eher an Bekleidung denn an Körperbau denken. Insofern werden hier kulturelle und biomorphe Schemen miteinander vermischt.

5.
BEDEUTUNG

Bis jetzt haben wir so getan, als sei das „Lesen" verschiedener Zeichen quasi selbstverständlich mit unserem Hintergrundwissen möglich. Wir möchten ja durch Zeichen anderen etwas mitteilen, etwas bedeuten. Wie entsteht also Bedeutung?

Wie so oft, ist schon der Begriff problematisch. Einige Semiotiker haben Bedeutung als Synonym für das Signifikat gebraucht, andere haben damit die Beziehung zwischen Zeichen und Referens oder die Beziehung zwischen Signifikant und Signifikat bestimmt. Wir müssen im Folgenden vor allem von der Bedeutung des Begriffs »Bedeutung«, wie wir ihn aus dem Alltag kennen, abstrahieren. Bedeutung im semiotischen Sinn hat keine individuellen Implikationen, die wir alltagssprachlich mit Sätzen wie „für mich war von Bedeutung..." oder „das bedeutet doch, dass ..." artikulieren. Bedeutung im semiotischen Sinn ist eine Funktion oder Relation, die sich aus der Kombination von und der Differenz zwischen Elementen ergibt. Diese Elemente können die verschiedenen Seiten des Zeichenprozesses sein (S-ant, S-at, Referens, Interpretant) oder es kann die Auswahl und Kombination verschiedener Zeichen oder Einheiten sein, die Bedeutung erzeugt.

Bedeutung als differentielle Funktion: Rot steht als Opposition gegen Grün. Beide Inhalte für die Formen (Farben) sind gelernt, also konventionalisiert: Grün heißt gehen, Rot heißt stehen. Mit heutiger Technik könnte man Rot und Grün in einem Licht kombinieren, insofern sind alte Ampeln doppelt codiert (Position und Farbwert).

Die Semiotik fragt nach der Funktion und der Struktur, um dann zur gesellschaftlichen oder individuellen Bedeutung vorzudringen. Wie kommt die Kopplung von Form und Inhalt zustande, wer steuert die Semiose? Wir haben gesehen, dass die Kopplung von Signifikant und Signifikat einerseits arbiträr, andererseits konventionalisiert

/Himmel/	
»Atmosphäre«	»Jenseits«

/sky/	/heaven/
»Atmosphäre«	»Jenseits«

sein muss, um Kommunikation zu ermöglichen. Wir sprechen daher auch von den Signifikaten als kulturellen Einheiten, für die wir Formen suchen und finden, um uns so über die Referenten zu verständigen. Kulturell sind diese Einheiten, weil sie menschengemacht sind und von Gesellschaft zu Gesellschaft variieren können, wie wir bei den Verkehrzeichen gesehen haben. Das Lexem /Himmel/ bedeutet für uns im Deutschen sowohl die atmosphärische Erscheinung eines je nach Wetterlage blauen oder grauen Etwas über uns, gleichzeitig ist damit die Vorstellung von Jenseits, Paradies, Gott etc. verbunden. Andere Kulturen haben dafür verschiedene Lexeme: Im Englischen z. B. gibt es /sky/ und es gibt /heaven/.

Viele Signifikanten haben mehrere Signifikate; in der Kommunikation müssen wir also aus dem Kontext und den anderen Referenten herauslesen, welches Signifikat gemeint ist, welche Bedeutung erzeugt wird. Da Zeichen nur für uns existieren, ist es auch legitim, Bedeutung nicht nur formal als Funktion zwischen Elementen zu definieren, sondern als Ergebnis eines Zeichenprozesses, der ja nur von uns für uns stattfindet.

Bedeutung ist jedoch zuerst eine differentielle Funktion. Das bedeutet, dass ich Dinge auf Grund eines Vergleichs zueinander erkenne, auswähle und bewerte. Das geschieht im Zeichenprozess unablässig. Mir stehen potentiell sehr viele Signifikanten zur Verfügung, die zu einem bestimmten Feld oder einer Klasse von Signifikaten gehören und ich wähle aus, welche Signifikanten für meine Kommunikation am besten geeignet sind. Aus der Auswahl eines Signifikanten ergibt sich automatisch die Opposition zu anderen möglichen, aber nicht gewählten bzw. aktualisierten Signifikanten. Das ist eine Komponente von Bedeutung (mehr über diesen Prozess der Auswahl im Kapitel 7, „Auswahl und Kombination"). Als Designer eines Streckennetzplans für den öffentlichen Nahverkehr stehen mir grundsätzlich alle Farben für die Kennzeichnung (die Signifikation) der verschiedenen Bahnlinien zur Verfügung. Einige fallen aus wahrnehmungsphysiologischen Gründen weg: Helles Gelb liefert keinen guten Kontrast zum weißen Hintergrund, auf dem der Netzplan zu sehen ist. Dunkle Blautöne können dem Schwarz sehr ähnlich sehen, vor allem im Licht eines U-Bahn-Waggons. Als Designer*in wähle ich ein mittleres Rot für die Strecke von A nach B und ein Blau für C nach D usw. Der Inhalt von /Rot/ ist in diesem Fall also »die Linie Nr. X von A nach B«.

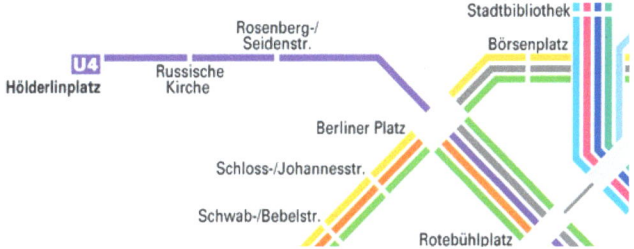

Den Stadtbahnlinien sind Farben zugeordnet, die Stationen sind durch Unterbrechungen der Linien gekennzeichnet. Die Opposition von /Linie/ – /Nicht-Linie, weißer Raum/ erhält die Bedeutung »Station«

Bedeutung ist in diesem Fall eine Kategorie, die vom Interpreten bzw. von den Zeichenverwendern eingeführt wird. Bedeutung ist dann die Steuerung durch Code und Kultur, die mich eine bestimmte Form auswählen lässt, eine andere aber nicht – also eine Wahl von Oppositionen. Wenn Form und Inhalt als Zeichen konventionalisiert sind, steuere ich die Auswahl der verwendeten Zeichen und mein Adressat „liest" die Auswahl der verwendeten Zeichen als bedeutungsvoll.

Gleichzeitig kann man Bedeutung aber auch als die Relation zwischen Signifikant (S-ant) und Signifikat (S-at) und deren Beziehung zum Referens beschreiben, allerdings nur unter Einbeziehung (wenn auch virtueller) oppositioneller Signifikanten. Wenn ich im Restaurant das WC aufsuchen möchte und vor einer Tür stehe, die mit /H/ gekennzeichnet ist, weiß ich, dass ich vor der Herrentoilette stehe und ich mich entweder zum Eintreten oder zum Wechseln in einen anderen Raum entscheiden kann,

/H/
»Herrentoilette«

vs.

/D/
»Damentoilette«

_____

/WC/
»Toilette«

vs.

/ /
» «

der mit /D/ gekennzeichnet ist. Der Inhalt des Zeichens /D/ ist der Buchstabe »D«, aber auch seine Abkürzung für »Damen«. Wir wissen, dass damit nicht einfach nur eine Bezeichnung gemeint ist, die irgendwo steht, sondern der Signifikant für den weiteren Inhalt »Damentoilette«. Das ist seine Bedeutung im Unterschied/Opposition zum Signifikanten /H/. In einer sehr einfachen Gaststätte mit nur einer einzigen Toilette reicht der Hinweis /WC/, weil die Alternative bzw. Opposition zwischen zwei Signifikanten fehlt. Gleichzeitig steht das »WC« in Opposition zu anderen, nicht gekennzeichneten Türen, die zur Küche oder zur Vorratskammer oder zum Sozialraum führen. Auch das ist Bedeutung.

5.1
PROBE: UNDERGROUND NETZPLAN

Bedeutung kann so einfach sein! Wir haben ja gesagt, das Bedeutung eine differentielle Funktion ist, oder anders gesagt, sich ein Sinn für den Betrachter daraus ergibt, dass Rot nicht Grün ist. Das mag banal klingen, ist aber eine fundamentale Unterscheidung. Farben sind ein gutes Beispiel für die differentielle Funktion: Man kann in bestimmten Zusammenhängen jede beliebige Farbe verwenden, in anderen nicht. Sobald mehr als eine Farbe vorkommt (das ist meistens so), wird jede der verwendeten Farben mit Bedeutung belegt; Orange ist eben nicht Grün und Blau nicht Umbra. Als das Corporate Design in den Kinderschuhen steckte, entdeckte man die Differentialfunktion von Farben. Die älteste U-Bahn der Welt ist dafür ein gutes Beispiel. Die 1863 in Betrieb genommene Londoner Underground wurde zwischen 1900 und 1930 zu einer modernen U-Bahn mit durchgehend elektrischem Antrieb, umfassendem Streckennetz und Kurztakt. Die verschiedenen Linien der „Tube", die aus ursprünglich separaten Eisenbahnlinien und -gesellschaften hervorge-

Netzplan der Underground Railways of London, 1908

41

gangen waren, mussten für die Passagiere klar gekennzeichnet werden. Bereits 1908 kam man auf die Idee, den
einzelnen Linien Farben zuzuordnen. Somit wurde eine
Codierung vorgenommen: Farben stehen für Linien. Die
Central London Railway wurde nun durch Blau bezeichnet, die Picadilly Railway durch Gelb usw.

1933 kam Harry Beck, ein Angestellter der nun in einer
einzigen Gesellschaft zusammengefassten Bahnen, auf
die Idee, den Streckennetzplan nicht mehr topografisch,
sondern topologisch darzustellen. Er verwendete für den
Plan nur noch Geraden, die waagerecht, senkrecht, oder
im 45°-Winkel gezeichnet waren. Die Abstände der Bahnhöfe und Umsteigepunkte waren gleich, die Bahnhöfe
durch kleine vollfarbige Quadrate, die Umsteigepunkte
durch umrandete größere Quadrate dargestellt. Mit diesem Masterplan aller kommenden Streckennetzplä-
ne hatte Beck einerseits gezeigt, wie einfach Codierung
funktioniert und andererseits die Grenzen des Verfah-
rens aufgezeigt.

Wenn wir von den Streckennetzplänen zu Corporate
Designs oder grafischen Ordnungsstrukturen übergehen,
treffen wir schnell auf zwei Probleme, die Endlichkeit der

Farbcodierung und die Gefahr der Mehrfachcodierung. Ein Beispiel dafür sind Corporate Designs, die Unternehmensabteilungen, Produktbereichen oder Organisationsebenen Farben zuweisen. So lange man es mit vier Bereichen gleich vier Farben zu tun hat, kein Problem. Doch sehr schnell ist der Vorrat an sich deutlich unterscheidenden und einwandfrei reproduzierbaren Farbtönen aufgebraucht, von der Merkfähigkeit der Betrachter ganz abgesehen.

Mehrfachcodierung bedeutet, dass ein Inhalt mit mehreren Signifikanten belegt wird, z. B. einer Farbe, einer Schrift und einem Piktogramm. Diesem Phänomen begegnet man häufig dort, wo deutliche Botschaften gesendet werden sollen, z. B. Warenpreise oder Sonderangebote. Aber auch bei zu gut gemeinter Nutzerführung auf Websites begegnet man der Mehrfachcodierung.

6.

ERSTE BEDEUTUNG UND WEITERE BEDEUTUNGSEBENEN

Bedeutung können wir also definieren als die sinnhafte Kopplung von S-ant (Signifikant) mit S-at (Signifikat) in Relation zum Referens und dem Vergleich mit anderen Zeichen durch einen Interpretanten. Etwas weiter oben wurden Signifikate als kulturelle Einheiten definiert. Signifikate sind, wie de Saussure und Peirce das formuliert haben, mentale Bilder von Ausschnitten aus der Lebenswelt. Diese umfasst nicht nur tatsächlich Vorhandenes, sondern auch Phantasiegebilde, Träume, Imaginationen, die als Referenten taugen. Die meisten dieser Zeichen und ihre Bedeutungen sind konventionalisiert und auf einer ersten Ebene sozusagen festgeschrieben. Diese Konventionalisierung findet in einem gesellschaftlich-kulturellen Rahmen über Jahrhunderte statt: durch Institutionen wie die Familie, Kindergärten, Schulen; durch Lernmedien wie Sprachbücher und Lexika, aber natürlich auch durch den Gebrauch der Zeichen im Alltag und in den Medien. Das ist die **denotative Ebene** der Bedeutung.

Denotation: erste Ebene der Bedeutung, auch Gegenstands- oder Funktionsbedeutung genannt

Die einfachste Definition eines Zeichens lautet: Etwas, das für etwas anderes steht. Im Falle der eingangs dieses Buches erzählten Geschichte lautet die Gleichung etwa so: Die Geschichte, die ich erzählt habe, habe ich durch die Schriftsprache erzählt. Der Text aus Schrift ist die Form für die Geschichte als Inhalt. Die Bedeutung könnte sein, dass sich jemand wiedererkennt, Vergleiche zum eigenen Alltag zieht. Doch darüber hinaus dient der Inhalt als Gleichnis oder Beispiel für etwas anderes: Dafür, dass alles etwas bedeuten kann, und zwar nicht nur dann, wenn wir das intendieren.

Roland Barthes, den ich in diesem Buch häufiger zitiere, hat das in seinem Buch *Mythen des Alltags* ähnlich formuliert. Er nennt das Beispiel eines lateinischen Satzes: „Quia ego nominor leo", was so viel wie „denn ich werde

/Text/

»Identifikation«

Referens 1: **Alltag**
Leben

Referens 2:
ein Beispiel sein

Barthes 1964, S. 94f.

Löwe genannt" bedeutet. Könnten wir uns ins alte Rom zurückbeamen und uns in ein Gespräch am Forum einmischen, das dort gerade zwischen zwei raubeinigen Kerlen stattfindet, könnte der Satz seinen Sinn darin haben, dass er jemandem als Antwort dient, der gefragt wird, warum so viele Menschen Respekt vor ihm haben. In diesem Fall wäre /Quia ego nominor leo/ die Form des Inhalts »denn ich werde Löwe genannt«. Jenseits des Forum Romanum bekommt der Satz jedoch eine zusätzliche, **konnotative** Bedeutung, weil er in Barthes' Erinnerung ein Beispiel für das Lernen der lateinischen Grammatik ist. In einem Schulbuch ist der ursprüngliche Inhalt nämlich fast bedeutungslos, austauschbar, uninteressant. Das macht viele Texte in Sprachbüchern so ungewollt absurd, weil man merkt, dass die Sätze überhaupt nur konstruiert wurden, um bestimmte grammatikalische bzw. syntaktische Feinheiten zu exemplifizieren und der „Sinn" dabei auf der Strecke bleibt. Es gibt Hunderte von Sketches und Cartoons, die ihren Humor daraus ziehen sich vorzustellen, dass sich Menschen wie im Schulbuch unterhalten. Und selbstredend sind auch die Abbildungen in diesem Buch nicht als ursprünglich ikonische Repräsentationen von Dingen und Handlungen gedacht, sondern als Beispiele für etwas anderes.

metasprachlich, konnotativ: Bedeutungsebenen jenseits der denotativen Ebene (s. a. Kap. 13)

Z. B. bei Loriot der Sketch „Telekolleg: Deutsch für Ausländer" (Loriot Sketcharchiv 12)

Selbst bei einem so nüchternen wie konventionalisierten Artefakt eines Streckennetzplans sind Konnotationen möglich und wahrscheinlich. Es könnte sein, dass die Linie X in einem Stadtteil startet, in dem viele Menschen wohnen, die keiner geregelten Arbeit nachgehen und auf staatliche Transferleistungen angewiesen sind, die bei einer Behörde in einem anderen Stadtteil, der ebenfalls von der Linie X angefahren wird, zu beantragen sind. Die Linie X könnte dann für Menschen, die nicht auf Transferleistungen angewiesen sind, eine Zusatzbedeutung konnotativer Art bekommen, die lautet: »Linie X: Arme-Leute-Linie«. Es ist eine Buslinie denkbar, die in ei-

45

nem Stadtviertel besonders viele Haltepunkte hat, in dem Anwälte, Stadtverordnete, Unternehmer wohnen. Aus /Linie 145/ »Stadtteil XY nach Stadtteil YZ« könnte dann /Linie 145/ »Bonzenlinie« oder /Bonzenlinie/ »Linie 145« werden.

Wir haben ja bereits gesehen, dass alles, was uns umgibt, alles, was wir tun bzw. nicht tun, potentiell zum Zeichen werden kann. Wenn wir uns kleiden, dann ist die ursprüngliche, von der Funktion bestimmte Bedeutung, nach der /Kleidung/ = »physischer und psychischer Schutz des Körpers« bedeutet, weitgehend zurückgetreten gegenüber Bedeutungsaspekten und -ebenen, die mit Aktualität, Mode, Style, dem Spiel von Zeigen und Verhüllen, mit Reaktionen auf Trends etc. zu tun haben. Kindern billigt man manchmal noch die ursprüngliche Kleidungsfunktion zu, wenn es heißt, dass es demnächst kalt wird und „das Kind einen Wintermantel braucht".

Sem: kleinstes Bedeutung tragendes oder differenzierendes Merkmal

Würde man versuchen, eine **Semanalyse** (das Herausarbeiten der Bedeutung tragenden Merkmale, die ein Objekt distinktiv von anderen Objekten unterscheiden) vom Signifikant /Hose/ zu machen, könnte man Folgendes herausarbeiten:

S-ant	S-at
/Hose/	»Schutz«

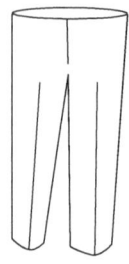

/Hose/: Kleidungsstück für die Beine und den Unterleibsbereich, bei dem im Unterschied zum /Rock/ die Beine von separaten Stoffröhren (/hose/ = engl. für Röhre) verhüllt werden. Länge und Weite der Hosenbeine, Höhe und Umfang der „Oberhose", Verschlussart, Material, Details und Verarbeitung sind variabel.

Waren Sie schon einmal mit dieser Definition im Kopf eine Hose kaufen? Sicher nicht. Ob Sie nun die Priorität auf das Material, den Schnitt, die Farbe oder den Hersteller legen, die Bedeutungsaspekte, die man mit einer Hose verbindet, können mit dem Adaptieren von Trends und Moden, mit der Betonung oder Kaschierung eigener körperlicher Verfasstheit, mit Weltanschauungen, mit Sentimentalität, mit der Affirmation bestehender Konventionen, mit dem Wunsch des Andersseins, mit dem

S-ant /Hose/	*S-at* »Schutz«		Gegenstandsbedeutung
	S-ant /Kleidung/	*S-at* »Zivilisation«	Vergesellschaftung
S-ant /Schnitt/	*S-at* »Style«		vestimentäre Codes, Mode
	S-ant /Hosenmodell/	*S-at* »in/out«	soziale Differenzierung, Szenen, Milieus, Trends

Aus dem ursprünglichen Objekt /Hose/ mit dem Inhalt »Schutz« ist längst /Kleidung/ mit dem Inhalt »Zivilisation« geworden – wer nicht mehr in Felle gehüllt ist, gehört einer zivilisierten Gesellschaft an. Diese Gesellschaft hat verschiedene Formen für ihre Kleidungsstücke entwickelt, die einen Lebensstil, sozialen Status etc. bedeuten, man könnte hier auch vom Zeichensystem Mode sprechen. Für einen Interpretanten ist nun das modische Kleidungsstück die Form für den Inhalt »in, cool« bzw. »Angehöriger von Milieu X« etc.

Wunsch nach Unauffälligkeit zu tun haben. Die Denotation des Signifikanten /Hose/, »Kleidung als Schutz«, ist kaum noch relevant. Das Segment der sogenannten Funktionskleidung hat heute den Aspekt der nützlichen, einer Funktion unterworfenen Kleidung übernommen; allerdings wird diese Kleidung in den meisten Fällen nicht denotativ getragen, sondern als bewusstes Statement gegen modischen Wandel, der für die Träger von Funktionskleidung anscheinend als Druck und als fremdbestimmte Zumutung betrachtet wird. Da Funktionskleidung in den meisten Fällen auch teuer ist (was mit dem HighTech-Material und den Funktionen begründet wird), gerät sie nicht in die Gefahr, als billiger Ersatz für Leute zu gelten, die vorgeben, sich nicht modisch kleiden zu wollen, in Wahrheit aber einfach kein Geld dafür haben. Gerade weil Funktionskleidung so teuer ist, behauptet sie ihre eigentliche Aussage (das nicht modisch sein-wollen), wird dadurch aber zum Accessoire eines bestimmten Milieus und dadurch modisch, ohne Mode zu sein. Die scheinbare Polarität zwischen /Mode/ und /Kleidung/ ist in Wahrheit ein im Fließen befindlicher Prozess. Aus historischer Arbeits- und Funktionskleidung sind seit einem Jahrhundert Modeobjekte geworden (Blue Jeans, Latzhosen, Overalls, Marine- und Military Look). Umgekehrt scheint es schwieriger zu sein, ausgeschlossen ist das deshalb nicht.

Der Titel dieser Einführung in die Semiotik heißt *Zeichen der Zeit*, weil sich nicht nur das Repertoire der Zeichen im Laufe der Zeiten ändert, sondern weil sich auch fest kodifizierte Zeichen im Laufe der Zeit in ihrer Bedeutung ändern. Diesen Fakt bestreitet niemand, es gibt aber verschiedene Modelle, den Prozess oder die Tatsache darzustellen. Umberto Eco spricht davon, dass die „erste“, Denotation genannte Bedeutungsebene der Zeichen in einer komplexen Gesellschaft von Bedeutungsaspekten überlagert und sogar abgelöst wird, die einer sozialen kommunikativen Funktion dienen. Was heißt das? Das ist gemeint, wenn wir von Mode sprechen, deren ursprüngliche denotative Bekleidungsfunktion vollkommen von anderen Bedeutungen, die nicht weniger funktional sind, überlagert und abgelöst worden ist. Diese "neuen" Funktionen sind symbolischer bzw. konnotativer Natur, denn sie denotieren z. B. meinen sozialen Status, meine Zugehörigkeit zu einem Milieu oder zu einer gesellschaftlichen Gruppe.

Eco 1972, S. 311f.

Zeichen der Zeit heißt es aber auch, weil sowohl Signifikanten wie auch Signifikate im Laufe der Zeit verloren gehen oder ihre Bedeutung ändern bzw. Bedeutungen durch andere Signifikanten ersetzt werden können. Noch einmal ein Beispiel aus der Welt der Piktogramme: Das den meisten Leser*Innen vermutlich noch bekannte Piktogramm für »Telefon« besteht aus einem Hörer, wie er von ca. 1930 bis 1990 auf den meisten Geräten zu finden war. Im Zeitalter der Mobiltelefone und Monobloc-Geräte und dem Verschwinden der öffentlichen Telefonzellen werden eines Tages Menschen einen altmodischen /Hörer/ nicht mehr verstehen.

Offizielles Piktogramm für »Telefon«, entworfen um 1977 von der AIGA

Ein weiteres Beispiel für die Bedeutungsveränderung und -verschiebung eines Signifikanten: Die konzentrisch ineinander verschachtelten Kreisflächen mit den Farben Blau, Weiß und Rot bedeuteten ursprünglich (nämlich von 1918 an) einmal »Royal Air Force, britische Luftwaffe«. Etwa zur gleichen Zeit wurden auch Rennwagen mit solchen Kokarden als Länderkennzeichnung und zur besseren Identifikation versehen. 1965 bemächtigte sich die britische Band The Who der Kokarde und machte sie zu einem ihrer Erkennungszeichen. Die Op-Art und Popkultur trugen dazu bei, die Kreisformen als „cooles" Logo zu sehen und nicht mehr als militärisches Symbol. Die jugendliche Subkultur, die mit der Musik von The Who verbunden war, waren die Mods. Mods grenzten sich von anderen Subkulturen wie den Rockern und Jazz-Beatniks durch ihre Kleidung, vor allem aber durch die Scooter ab, die sie mit allerlei Zierrat aufmotzten. Aus der Verbindung der Band The Who, ihrem Publikum (Mods) und den Fortbewegunsgmitteln der Mods (Scooter) entstand ein subkulturelles Amalgam, das mit der grafischen Kurzformel des „Target" bezeichnet wurde. Im Laufe der Jahre wurde das Target zum Symbol für britische Jugendkultur, britische Pop- und Rockmusik (Britpop) und schließlich zum Kennzeichen der aktuellen Scooterkultur, die eine Retrokultur bzw. nostalgische Kultur ist. Dass das Target ursprünglich militärische Ursprungs war, ist in den Hintergrund getreten.

Kokarde Type D der Royal Air Force ab 1945

Scooter mit Mod-Target auf einem Retro-Mod-Festival 2015
Foto: Wikimedia Commons/Clem Rutter

Die Semiotik der konnotativen Ebenen scheint vielen Wissenschaftlern die große Aufgabe schlechthin zu sein. Wir haben ja bereits erwähnt, dass ein Beispielsatz nie ein regulärer Satz mit Inhalt ist, sondern seine eigentliche Bedeutung im »Beispiel-sein« besteht (wäre das nicht so, würden die Leser dieses Buches durch die Abbildungen blättern und sich fragen, warum sie so klein sind und was sie miteinander verbindet). Ähnlich verhält es sich mit jedem Beispiel, dass die Semiotik für die Relation von Form und Inhalt vorstellt. Denn diese einfache, um sämtliche Einflüsse, Kontextualisierungen und Konnotationen bereinigte Relation ist fast nirgendwo anzutreffen. Selbst wenn es sie gäbe, wäre sie im Moment des Beispielhaften verloren gegangen. Insofern müssen wir akzeptieren, dass menschliche Kommunikation immer aus mehreren Bedeutungsebenen geschichtet ist und zwar auch dann, wenn wir versuchen, von diesen Ebenen zu abstrahieren, weil wir bspw. etwas Neues lernen. Wahrscheinlich ist es so, dass wir zwar ohne Denotationen keine verlässliche Basis der Kommunikation hätten, aber in der jeweils aktuellen Kommunikation tritt die Denotation häufig vollkommen hinter die Konnotationsebenen zurück. Das Archiv der gelernten Denotationen schwingt im Verborgenen, während die Konnotationen das eigentliche Salz in der Suppe der Bedeutung sind. Oder anders formuliert: **Denotation ist ein soziales Konstrukt, Konnotationen sind soziale Realität.**

Die Schichtungen von Bedeutung oder Sinn hat Barthes „Mythologien" genannt in Anlehnung an Erzählungen, in denen wir eine Geschichte hinter der Geschichte lesen können. Während der Held in Geschichte x1 mit seiner List die Götter bezwingt, erzählt uns die Geschichte hinter der Geschichte (die Geschichte x2) parallel, dass der Held für das aufkommende bürgerliche Subjekt steht, das sich mit Hilfe einer List (Gebrauch der Ratio durch Arbeitsteilung und Abspaltung seiner Sinnlichkeit) aus der scheinbar gottgewollten Ordnung befreit und mündig wird. So haben z. B. die deutschen Philosophen und Soziologen Adorno und Horkheimer in ihrem Werk *Dialektik der Aufklärung* den Odysseus-Mythos gesehen. Im Grunde genommen befinden wir uns aber schon in der dritten Ebene bzw. in Geschichte x3, denn erst einmal kann die Odyssee als Abenteuergeschichte gelesen werden. Dann setzt die erste Metaebene ein, die Rivalität von Menschen und Göttern; schließlich weitere Ebenen, die psychoana-

Max Horkheimer und Theodor W. Adorno: Dialektik der Aufklärung. Frankfurt 1969, S. 34f.

lytische oder gesellschaftskritische Bedeutungen ermöglichen.

Schaut man genauer hin, dann sind Leben und Alltag voll von diesen Konnotationssystemen, voll von Mythologien: Werbung, Kino, Fernsehen, Presse sind „Mythos-Maschinen". Bildende Kunst, Theater, Musik, Literatur sind auch Mythos-Maschinen, wurden aber häufig anders gedeutet, weil man lange davon ausging, dass die Kunst im weitesten Sinne den Mythos vordergründig einsetzt (jeder Zuschauer versteht, dass es um Mythen geht), während man den anderen Mythos-Maschinen unterstellte, sie wären sich entweder ihrer mythischen Funktion nicht bewusst oder sie würden manipulativ eingesetzt (im Sinne eines Systems, einer herrschenden Klasse, einer Bewusstseinsindustrie, einer Partei etc.). Diese klare Trennung, die Barthes noch 1957 in den *Mythen des Alltags* beschreibt, ist durch die damals sich durchsetzende Popkultur verwischt, heute so gut wie obsolet geworden. Wir wissen, dass Werbung und Theater nicht das wirkliche Leben sind, sondern Mythen.

In der TV-Serie *The Simpsons* aus den 1980/90er Jahren gibt es die Cartoon-Charaktere Itchy und Scratchy, die eine durchgeknallt-brutale Version von *Tom und Jerry* aus den 1950er Jahren sind. Wer das Original nicht kennt, freut sich genauso über den schwarzen Humor und die Unbarmherzigkeit wie der Kenner des Originals, nur dass für Letzteren die „leere" Brutalität von Itchy und Scratchy eine zynisch-zeitgemässe Version von *Tom und Jerry* darstellt.

Barthes hat für seine Erklärung der Konnotationssysteme eine grafische Darstellung gewählt, die mehrfach problematisch ist: Vom Praktischen und Grafischen her muss man spätestens in der 4. Ebene aufgeben, weil die Seitenbreite eines Buches nicht ausreicht, um komplexere Schichtungen darzustellen. Das zweite, gravierende Problem besteht in der **Ambiguität** (linguistisch-semiotischer Terminus für Mehrdeutigkeit) der Leserichtung. Was sehen wir zuerst und was lesen wir zuerst? Die Oberfläche der ersten oder die der letzten Ebene? Begegne ich dem Mythos der Odyssee als Jugendlicher auf der ersten Stufe oder als philosophisch interessierter Mensch auf der vierten?

6.1
PROBE: DENOTATION UND FUNKTIONALISMUS

Swinging Dessau: Die Stahlrohrmöbel des Bauhaus' bedeuteten nicht nur »Sitzen«, sondern »Moderne«, »Elite«, »Avantgarde«

Eco 1972, S. 311: „Ein Stuhl sagt vor allem, dass ich mich draufsetzen kann. Aber wenn ein Stuhl ein Thron ist, dient er mir nicht nur zum Sitzen; er ist dazu da, sich mit einer gewissen Würde auf ihn zu setzen und bekräftigt den Akt des „Mit Würde Sitzens" mittels einer Reihe von Nebenzeichen, die Majestät konnotieren."

Die erste Hochphase der strukturalen Linguistik setzte in den 1930er Jahren ein, nachdem der Amerikaner Charles Sanders Pierce und der Schweizer Ferdinand de Saussure ab 1910 den Boden für verschiedene strukturalistische Schulen in verschiedenen Ländern und Wissenschaften gelegt hatten. Es gibt keinen belegbaren Zusammenhang in Form von Briefen oder Begegnungen, doch die Parallelität bei der Analyse von Form und Inhalt bei den Linguisten und von Form und Inhalt (als Funktion begriffen) bei vielen Gestaltern des frühen 20. Jahrhunderts scheint evident und gleichzeitig verwirrend. Während sich die Linguisten auf die Denotation als Hauptbedeutung stürzten, weil sie die Nebenbedeutungen (Konnotationen) in Schwierigkeiten gebracht hätten, stürzten sich die funktionalistischen Gestalter und Architekten auf die Funktion im Sinne eines dem System nützlichen Zustands oder einer Disposition. Nach dieser Lesart war die Funktion (der Sinn, die Bedeutung) eines Stuhls oder Sessels, eine Sitzfläche und vielleicht eine Armablagemöglichkeit für den Benutzer zu bieten. Das Sitzen ist der Inhalt des Stuhls als Form. Nun wissen wir alle, dass die Form niemals nur die Funktion abbilden kann, da jede Form mit anderen Formen aus der gleichen Klasse von Objekten konkurriert und daraus ihre Bedeutung zieht. Ein in seiner Materialität noch so reduziertes Sitzmöbel wie ein Stahlrohrsessel hat letztlich etwas, was wir Form nennen müssen, auch wenn er keine im allgemeinsprachlichen Sinn geschlossene Form (wie eine Haut) besitzt. Und selbstverständlich bedeutete ein Bauhaus-Freischwinger auch schon 1930 mehr als /sitzen/:

Dessau 1929:

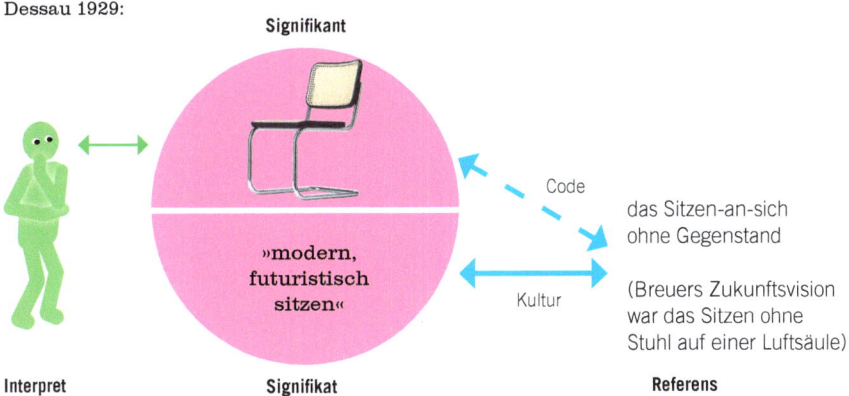

Heute:

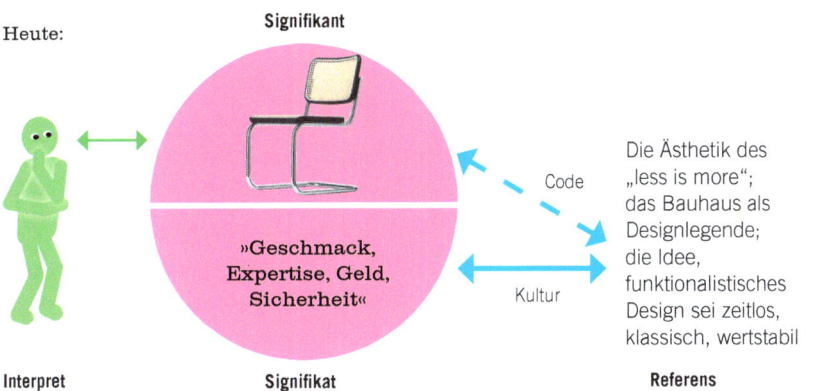

Er bedeutete Modernität, den Luxus der Reduktion, die Avantgarde der Verfahrenstechnik, den Vorgriff auf eine neue Zeit. Wenn das keine Konnotationen sind!

Vermutlich ist der Freischwinger bis heute so beliebt, weil seine Konnotationen (da ist der Bedeutungskomplex »Bauhaus – Avantgarde - heroisches Design - Klassiker« dazu gekommen) die Denotation »Sitzen« abgelöst haben und selbst zur Denotation geworden sind. Viele Freischwinger werden nämlich nicht „besessen", sondern stehen, sich selbst ausstellend und den Geschmack ihrer Besitzer repräsentierend, in Kanzleien, Büros und Apartments herum. Ihre Funktion hat sich vom Utilitären zum Symbolischen gewandelt.

Viele Gestalter aus dem Umfeld des Bauhauses und des Funktionalismus' wollten der Ambiguität der Form entgehen, indem sie sich ganz auf die Funktion konzentrierten – die Funktion sollte quasi automatisch die Form erzeugen. Das war eine verzweifelte Hoffnung: Die Form transportiert immer Bedeutung, Kultur, Werte, sonst wäre sie nicht Form, sondern Natur. Die Form, die scheinbar rein aus der Funktion entsteht, wie bei der Maschine, diese Form sagt: „ich bin eine Maschine". Die stummen Bauhaus-Möbel sprechen ebenfalls.

siehe Kap. 3, S. 26 Wir erinnern uns an Ecos Einteilung von Zeichen in künstliche und natürliche; bei den künstlichen unterschied er die funktionalen von den designativen. Genauso unterschieden in der ersten Hälfte des 20. Jahrhunderts Gestalter, Wissenschaftler und Kritiker ein in ihrem Sinne „gutes Design" von „schlechtem Styling": Design war künstlich (also gewollt), aber funktional; Styling war künstlich und rein designativ (also auf die ästhetische Unterscheidbarkeit aus). Doch diese Unterscheidung ist in der Kunst wie im Design neutralisiert worden. Gestaltung im weitesten Sinne ist immer auf den differentiellen Aspekt aus – auf die Unterscheidung von anderen Arte- und Mentefakten.

6.2
PROBE: DENOTATION UND FORTBEWEGUNG

Sie möchten sich ein Fahrrad kaufen. Sie können sich einreden (und das werden Sie schon gemacht haben), dass ein Fahrrad ein technisches Objekt zur Fortbewegung ist, das Sie von A nach B bringt, das der sportlichen Ertüchtigung dient, das nützlich ist und Spaß macht. Aber heute ein Fahrrad nach Nützlichkeitsaspekten auszusuchen ist schwierig, denn auch die in der Form des Fahrrads abgebildeten Nützlichkeitsaspekte (Transportkasten für Kinder u. ä., Sportlichkeit, Effizienz, Schnelligkeit, Geländetauglichkeit etc.) sind sofort auch Sekundärbedeutungen des Objekts, die mit sozialen Funktiven belegt werden.

Wer heute aufmerksam durch Großstädte geht, wird bemerken, dass eine ganze Reihe von Fahrradtypen unterwegs sind, die sich in bestimmte Lebenstilmodelle integrieren oder mit diesen verbunden werden: Fixies, Retromod-Rennräder, Oldtimer wie Klappräder, Bonanza-Bikes oder französische Rennräder der 1970er Jahre. Dazu kommen ungezählte Neuentwicklungen mit und ohne Elektromotor.

Die Denotation des Fahrrads lautet „zweirädriges Landfahrzeug, das ausschließlich durch die Muskelkraft auf ihm befindlicher Personen durch das Treten von Pedalen oder Handkurbeln angetrieben wird". Wie in Kapitel 6 am Beispiel der Hose gezeigt, kann man diese Denotation als so selbstverständlich ansehen, dass sie dadurch in den Hintergrund gerückt ist und einzelne Aspekte möglicherweise bei der Wahl des Fahrrads verloren gehen. Rennräder mit schmalen Reifen sind im Großstadtverkehr denkbar ungeeignet, dennoch erfreuen sie sich großer Beliebtheit. Das Gleiche gilt für Fatbikes, deren Ballonreifen für das Fahren im Sand entwickelt wurden, aber auf Asphalt wenig bringen – außer Showeffekten.

Und damit sind wir bei den Konnotationen. Jedes Objekt, jede Form wird im gesellschaftlichen Diskurs zum Zeichen des Gebrauchs seiner Verwender. Ein Hammer wird dadurch zum Zeichen für „den Arbeiter", „das Handwerk" als Konnotation seiner Werkzeug-Denotation. Ein Fixie wird jenseits seiner Denotation als Fortbewegungsmittel zur Konnotation eines urbanen Lifestyles, weil es ursprünglich das Fahrrad New Yorker Kuriere war. Im Grunde genommen ist heute kein Objekt vorstellbar, dass unbelastet von gesellschaftlichen Konnotationen ist – im Gegenteil, das Spiel mit der „denotativen Unschuld" wird zum Verkaufsargument und zur Positionierung im Set der Lifestyles. Es gibt Warenhäuser für „die guten Dinge"; gemeint sind am Gebrauchswert orientierte Objekte, die nur von Menschen gekauft werden, die über so viel ökonomisches Potenzial verfügen, dass sie der Gebrauchswert nicht interessieren muss – was bedeutet, dass der

Erläuterung: 1960 ist ein Fahrrad ein Zeichen nur insoweit, als es die Menschen mit Fahrrad von den Menschen mit Auto unterscheidet. Heute ist ein Fahrrad vor allem ein Zeichen für einen Lifestyle, ein Distinktionsmerkmal – und dann, ganz weit dahinter, ist ein Fahrrad auch noch ein Fortbewegungsmittel.

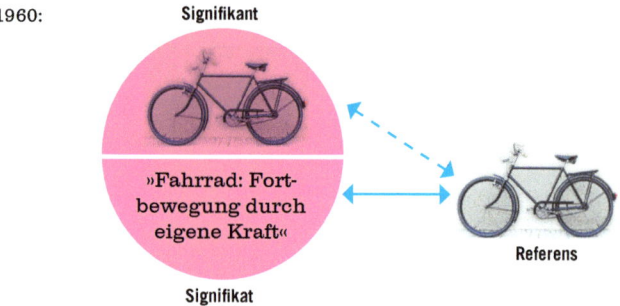

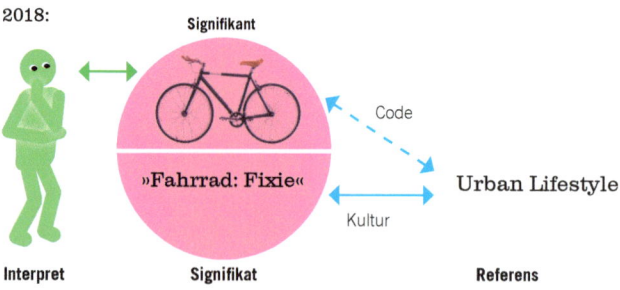

vorgebliche Gebrauchswert zum symbolischen Wert ver-
formt wird. Es gibt ein riesiges Segment von sogenannter
Funktionskleidung; also Kleidung ohne modische Schnit-
te und Accessoires, die auf die ursprüngliche Denotation
»Schutz« zurückbesinnen soll und den Gebrauchswert in
den Vordergrund rückt – und damit diesen zu einem Symbol macht.

So stehen Sie im Fahrradladen oder surfen im Web
und überlegen, welches Fahrrad zu Ihnen passt. Die Ver-
kaufsargumente sind eine Mischung aus konnotativen
Markern (Style) und einem Rest von denotativen Funktiven (fahren sollte es schon können, Bremsen und Ge-
päckträger wären u. U. nicht schlecht). Die Auswahl hat
sich seit den 1950er Jahren vom Blick auf das Signifikat
und Denotat hin zum Blick auf den Code und die Kultur,
in der wir leben nebst der Frage nach dem passenden Signifikanten verändert. Während ein Fahrrad 1960 für die
meisten Besitzer kein Zeichen, sondern ein Objekt war, ist
ein Fahrrad heute vor allem ein Zeichen – für die Besitzer
wie für die Zuschauer, denen wir unser Objekt als Zeichen
vorführen.

ZWEITER TEIL:
ÜBER AUSWAHL, CODES UND SYSTEME

7.
AUSWAHL UND KOMBINATION

Zeichen stehen selten allein, sondern sie sind in Zeichenketten oder größere Zeichencluster eingebunden. Gleichzeitig sind auch Zeichen aus kleineren, Bedeutung tragenden Einheiten zusammengesetzt. Für beide Ebenen gilt: Jede bewusst formulierte Aussage, ob sprachlich, ob visuell, ob künstlerisch oder prosaisch entsteht durch die fortlaufende Kombination von zwei Achsen, oder sagen wir besser: durch die Aktualisierung bzw. Auswahl eines Elements aus einer Reihe ähnlicher oder alternativ verwendbarer Elemente. Dieses ausgewählte Element kombinieren wir mit anderen Elementen, die ebenfalls auf ihren Achsen sitzen und ausgewählt wurden.

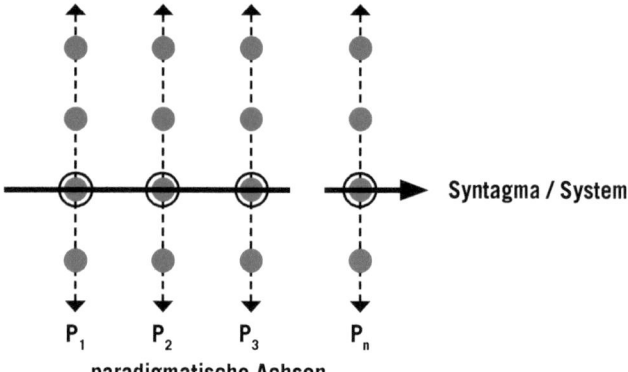

Syntagma / System

P_1 P_2 P_3 P_n

paradigmatische Achsen

Vielleicht helfen bei der Vorstellung dieser Operation folgende Bilder: Im Film *Terminator* von James Cameron aus dem Jahr 1984 gibt es eine Szene, in der der schwer angeschlagene Terminator in einem schäbigen Zimmer sitzt und sich am offenen Körper selbst operiert/repariert. Der Hausmeister kommt vorbei und fragt den Terminator, ob er eine tote Katze bei sich im Zimmer habe. Daraufhin öffnet sich im Denk- oder Sprachzentrum des Terminators eine paradigmatische Achse, auf der mehrere mögliche Antworten vorhanden sind, die von /Ja/Nein/ über /bitte

kommen Sie später wieder/ bis zu /verpiss dich, Arsch-
loch/ reichen. Der Terminator wählt das letztgenannte paradigmatische Element.

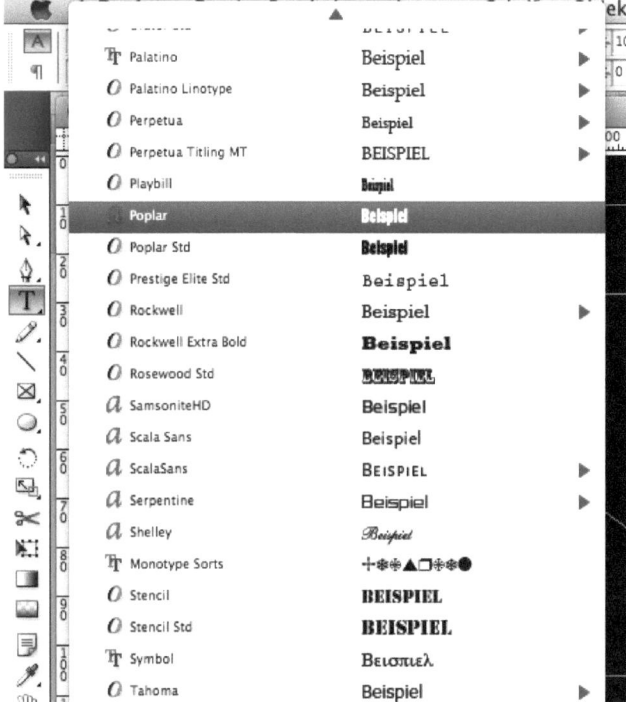

Schriftmenu in der
Anwendung Adobe
InDesign

Zweites Beispiel: Wenn Sie eine gegebene Fläche mit
dem Computer grafisch gestalten sollen und Schriftzeichen Bestandteil der Gestaltungsaufgabe sind, wählen
Sie aus einer „Menu" genannten Achse in dem jeweiligen
Programm, das zur Gestaltung dienen soll, einen Schrift-
typ bzw. ein Typeface aus einer Gesamtauswahl von 20,
vielleicht auch 200 Typefaces aus. Sie haben damit ein paradigmatisches Element auf die syntagmatische Achse
bzw. das System Ihrer Gestaltung gesetzt.

Was bedeutet das? Die meisten Zeichensysteme sind
so komplex, dass mehr als ein einziges Bedeutung tragendes Element (ein Sem) notwendig ist, um eine Aussage

bzw. eine Botschaft zu erstellen. Selbst einfache Systeme wie die Verkehrszeichen brauchen drei bis sechs paradigmatische Achsen, damit alle möglichen Verkehrszeichen erstellt bzw. realisiert werden können:

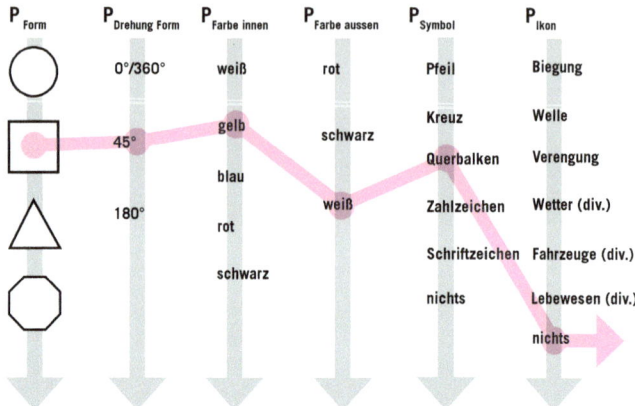

Aus der Kombination dieser Paradigmata zu Syntagmata lassen sich n Verkehrszeichen herstellen, wobei nicht alle Möglichkeiten realisiert werden und manche Zeichen nur aus drei paradigmatischen Elementen bestehen, andere aus fünf oder sechs. In unserem Fall ergeben die mit der farbigen Linie markierten Paradigmata das Syntagma:

»Ende der Vorfahrtstraße«

Paradigmatische Achsen sind so etwas wie „Möglichkeitsbahnen": Sie enthalten Signifikanten, die für das jeweilige Syntagma geeignet sind. Im Falle unseres Designauftrags gäbe es also eine paradigmatische Achse /Schrifttyp/, auf der n Schriften sitzen, und Sie wählen eine aus. Streng genommen wären gar nicht alle Schriften aus dem Menü wirklich geeignet, und aus der paradigmatischen Achse fielen z. B. alle Typefaces mit einem Handschrift-Charakter heraus. Parallel zur Schrift wählen Sie auf anderen paradigmatischen Achsen, die /Hintergrundfarbe/, /Seitenraster/, /Bildsprache/, /Farbkontraste/ usw. heißen können, jeweils ein Element aus. Die Kombination aller paradigmatischen Elemente auf der syntagmatischen Ebene konstituiert die Form ihrer Botschaft.

Durch die Veränderung auch nur eines einzigen Elements kann sich ihre Botschaft verändern – ob sie das tatsächlich tut, kann man über die sog. **Kommutationsprobe** herausfinden: Bei Zeichensystemen mit begrenztem Inventar (z. B. Verkehrszeichen) wird sich die Bedeutung durch den Austausch auch nur eines paradigmatischen Elements bzw. distinktiven Merkmals grundlegend wandeln (wenn auf einem Verkehrszeichen das Ikon /Fahrrad/ durch das Ikon /Auto/ ersetzt wird), während bei komplexeren Botschaften der Austausch eines Elements die Aussage zwar ändert, aber nicht den ganzen Sinn verdreht. So könnte der Designer dieses LP-Covers auch ein anderes Typeface verwendet haben oder eine andere Hintergrundfarbe, dennoch wäre es ein typisch zu nennendes LP-Cover des Blue Note-Labels der späten 1950er, frühen 1960er Jahre, vorausgesetzt, wir verfügen über den entsprechenden Code – die Anleitung zum Verstehen.

Kommutation: Austausch distinktiver Merkmale zur Analyse von bedeutungstragenden Elementen

Reid Miles, Coverentwurf für Blue Note Records, 1964 © Capitol Records/ EMI

8.
DER CODE

Der Code regelt das Verhältnis zwischen Signifikant/Form und Referens, außerdem das Binnenverhältnis der Signifikanten untereinander

Ein Code, haben wir in Kapitel 2 gesagt, regelt das Verhältnis des Signifikats zum Referens, während eine Beziehung, die wir vorerst „Kultur" genannt haben, die Beziehung zwischen Signifikat und Referens bestimmt. Diese Kultur legt zum Beispiel fest, dass Verkehrszeichen einfach und verständlich, schnell lesbar und gut sichtbar sein sollen. Daraus folgen verschiedene Gestaltungsregeln, die in den Code münden, den wir bei dem Verkehrzeichen für Fußgängerüberweg lesen gelernt haben: Nur eine Hauptfarbe (Blau), eine einfache geometrische Grundfläche (Quadrat, Dreick), eine klare Figur-Grund-Komposition (Schwarz-Weiß) und ein nach bestimmten konventionalisierten Regeln erstelltes Bild eines Menschen auf einem Zebrastreifen (Piktogramm). Dennoch erlaubt der Code kleine, kulturell bedingte Abweichungen.

Bei dem Beispiel der Cool-Jazz-LP könnte man nun annehmen, dass eine Klasse von Studierenden, die mit den identischen Gestaltungsmitteln ausgestattet wäre und die Aufgabe bekäme, ein Layout für ein Plakat eines Interpreten Y anzufertigen, so viele verschiedene Entwürfe liefern würde, wie die Klasse Studierende hat. Würde die Aufgabe lauten: „Gestalten Sie ein Plakat im Stil oder Look des Cool Jazz der späten 1950er Jahre", dann wären die Ergebnisse einheitlicher, ohne vermutlich mit dem Original von Reid Miles oder mit einem zweiten Entwurf aus der Klasse identisch zu sein, denn das, was wir »kreativ« nennen, scheint zu bedeuten, dass der Kreative über einen eigenen Code der Kopplung von Inhalten mit Formen verfügt bzw. sich erarbeitet. Dieser Code wird nicht nur gelesen und verstanden (vielleicht sogar gefühlt), sondern gleichzeitig als sowohl einzigartig und originell, andererseits auch als allgemeingültig für eine Zeit, eine

Situation, eine Gruppe angesehen. Deshalb gibt es Codes, die »Cool Jazz« oder auch »Rock'n'Roll« bedeuten, sonst wäre z. B. das LP-Cover nicht ein halbes Jahrhundert lang das wichtigste visuelle Kommunikationsmittel der Popkultur gewesen. Diese Codes muss ein guter Gestalter kennen bzw. in kurzer Zeit erfassen und analysieren können. Wenn nicht, könnte folgendes geschehen: Die Anzeige für eine Zahnpasta ist dann in identischer Manier wie das Plakat für eine Deathmetal-Band oder die Website für eine NGO, die in Afrika Brunnen baut, gestaltet. Hauptsache, gute Gestaltung, Hauptsache, ein funktionierender Code, oder? Nein: Das Ergebnis wird größte Verwirrung sein – ein Code wird wohl niemals reichen. Aber es gibt eine Ausnahme: Die Verwirrung wird aus Gründen der Aufmerksamkeit gewünscht und die Zielgruppe (der Interpret) ist visuell belesen genug, verschiedenste Codes der Visualisierung einzuordnen und zu verstehen. Wie wir später im Text sehen werden, gab es aber auch die Vorstellung, dass ein Code für alles reichen könnte: Die Schweizer Typografik der 1950er Jahre bestand aus einem Kanon von Gestaltungsregeln und -prinzipien, die einen sehr starken Code erzeugten, der von einigen Gestaltern der damaligen Zeit auf nahezu jede Gestaltungsaufgabe angewendet wurde – auf Plakate für Verkehrssicherheit genauso wie auf Werbeanzeigen für Haushaltsprodukte, Buchcover etc. Die kulturell geformte Beziehung zwischen den Signifikaten und ihren Referens lautete auf Klarheit, Schnörkellosigkeit, Funktionalität. Der daraus entstandene Code schrieb Nonserif-Schriften, Farbreduktion, Schwarzweißfotografie und geometrische Grundformen vor.

Wir erlernen also Codes, die uns ermöglichen, Bedeutung tragende Einheiten zu einfachen Zeichen oder Zeichenkomplexen zusammen zu setzen, die dann wiederum in einem Kontext auf Signifikanten- oder Signifikat-Ebene bestehen können.

Designs von Reid
Miles für Blue Note
Records; © Capitol
Records/EMI

Blue Note Styleguide

Mögliche paradigmatische Achsen:

Farbe (Auswahl, Anzahl)

Fotografie (sw, Farbe, Duotone; Cropping)

Typografie (Typefaces, Schreib- weise, Spacing, Farbe ...)

Gestaltungsraster (horizontal/ vertikal, flächig/kleinteilig ...)

Die jeweils realisierte Auswahl paradigmatischer Elemente als Syntagma ergibt ein Layout.

Ergebnis:

Eine große Anzahl stilistisch zugehöriger Layouts, die auf Basis der Auswahl der zur Verfügung stehenden Mittel (Paradigmata), teilweise sogar unter Verwendung identischer Mittel hergestellt wurden und sich dennoch unterscheiden.

Der Designer verfügt über einen Code, der es ihm erlaubt, die Mittel so einzusetzen, dass eine wiedererkennbare „Bildsprache", ein Stil, entsteht, d. h. der Betrachter hat nach einigen Layouts den Code gelernt.

Den Code können wir uns im vorliegenden Beispiel der Reid Miles-Designs wie einen Styleguide vorstellen, der bestimmte Operationen und Gestaltungsmöglichkeiten zulässt, andere aber ausschließt: Zum Beispiel sagt der imaginäre Styleguide von Blue Note Records in unserem Fall, dass Fotos der Musiker nur in Schwarzweiß oder in Duotone reproduziert werden sollen, bei Duotone muss die zweite Farbe eine Farbe aus dem bereits vorhandenen Farbklang sein. Die Schmuckfarben dürfen die Zahl Zwei nicht übersteigen, wobei die Auswahl der Druck-Grund- farben Magenta und Cyan zu präferieren, aber nicht zwin- gend ist (Kosten). Die Typefaces sollen vorzugsweise serifenlose Condensed- oder Extra Condensed-Schriften

sein, die mit mageren oder ultra-mageren, normal laufenden, serifenlosen Fonts kombiniert werden. Das Lettering
soll sich auf Versalien oder erzwungene Kleinschreibung fokussieren, vorzugsweise im Flattersatz (rechts
oder links angeschlagen), während Mittel- und Blocksatz
nicht erlaubt sind; es gelten die Regeln der sog. „Schweizer Typografie" und des „Mid-Century Modernism". Bei
Verwendung von großflächigen Schwarzweiß-Fotos über-
nimmt das Lettering die Aufgabe der Farbgebung. Die
Anordnung der Farbflächen soll klar, plakativ und unidi-
rektional sein, also entweder vertikal oder horizontal aus-
gerichtet. Die Farbflächen sollen in ihrem Volumen einen
Kontrast bzw. Kontrapunkt zueinander bilden. Statt eines
Fotos, aber auch in Kombination damit, können handge-
zeichnete oder -geschnittene grafische Elemente eingesetzt werden.

 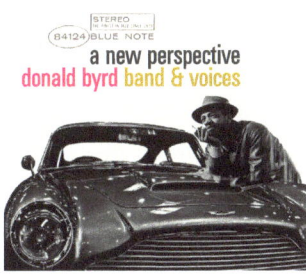

Links:
Reid Miles,
Coverentwurf für Blue
Note Records, 1959
© Capitol Records/EMI

Rechts:
Alternativer Entwurf
des Buchautors
entlang des „Blue
Note Styleguides"unter
Verwendung eines
anderen Automotivs
mit dem Künstlerpor-
trait von 1959 und der
Typografie von 1964
(vgl. Abb. auf Seite 63)

In seinem Metier gut zu sein, bedeutet also, verschiedene Codes zu kennen und u. U. einen eigenen Code zu
entwickeln, der von anderen als solcher erkannt und
akzeptiert wird. Wie das Verhältnis von Code und kulturellen Einheiten bei scheinbar gleichen Bildmitteln
ganz andere Ergebnisse hervorbringt, wollen wir uns als
nächstes anschauen.

8.1
PROBE: ELVIS CALLING

Dieses LP-Cover aus dem Jahr 1956 verwendet fast identische gestalterische Mittel wie die Blue Note-LPs, die Kombination von Schwarzweiß-Foto und Schriftzeichen, die reduzierte Farbpalette, die nur auf die Typografie angewendet wird. Doch durch einen anderen Code des Gestalters auf Basis eines anderen kulturellen Hintergrunds ist das Ergebnis mit einer Cool Jazz-LP nicht zu verwechseln.

Die Schriftzeichen denotieren den Namen des Interpreten der LP, Elvis Presley. Das Foto denotiert ebenfalls den Interpreten, Elvis Presley; die Kombination von Fotografie und Typografie stellt eine Kopplung her, die uns schließen lässt, dass es sich bei dem Abgebildeten um den gleichen Menschen handelt, dessen Name schriftlich fixiert wurde. Wir haben eine doppelte, sich verstärkende schrift- und bildsprachliche Aussage vor uns. Diese beiden Fakten allein machen jedoch noch kein Cover.

Nehmen wir uns nun die Typografie an. Vor- und Nachname des Interpreten sind einmal vertikal und einmal horizontal angeordnet, unterstützt wird diese Spreizung durch die Farbgebung der Schrift in Magenta und Grün. Der Sinn von Typografie ist es, der konventionalisierten Grundform von Schriftzeichen eine im Sinne des Zeitgeists, Geschmacks oder Kontexts überarbeitete Form zu geben, die spezifische Inhalte jenseits des offensichtlichen Denotats /Elvis Presley/ vermittelt. Aus der paradigmatischen Achse hat der Grafiker ein Typeface gewählt, das sich weder den Serifen- noch den serifenlosen Schriften zuordnen lässt, sondern das eine zeittypische Abwandlung einer Groteskschrift für den Einsatz im Popbusiness darstellt (von Leuchtreklamen für Clubs und Casinos bis zu Comicheften und Plattencovern). Jenseits des Rock'n'Roll wurde ein ähnliches Typeface, die „Ad-Lib", ab 1961 vor allem durch die Cartoon-Serie „The Pink Panther" bekannt. Die einzelnen Lettern wirken wie grob ausgeschnitten, haben keine einheitliche Kopflinie, wirken wie zufällig gestempelt. Die Verwendung dieses Typefaces kennzeichnet damit eine popkulturelle Sphäre, die sich diametral zum arrivierten Jazz, zur klassischen E-Musik, aber auch zum Schlager-Belcanto eines damals ebenfalls sehr populären Mario Lanza verhält. Der im Stil einer Las Vegas-Leuchtreklame vertikal angeordnete Vorname in Kombination mit dem Magenta-Grün-Kontrast bedeutet jenseits des denotierten Namens (Interpreten): /Elvis Presley/ = »keine Harmonie im Sinne von bürgerlichen (elterlichen) Moral- und Kulturvorstellungen«.

Wir haben gesehen, dass Bedeutung, also die Funktion aus Inhalt und Form in Relation zum Kontext als Opposition zu anderen Zeichen entsteht. Schon die Typografie des Covers macht hier klar, dass es um Abgrenzung und nicht um Integration geht. Doch was viel stärker ins Gewicht fällt, ist die vollflächige Schwarzweiß-Fotografie des Interpreten. Das Foto ist während eines Konzerts von Elvis ein Jahr zuvor in Tampa aufgenommen worden und zeigt Elvis ekstatisch und nahezu selbstvergessen (er schaut nicht in die Kamera, scheint nicht zu bemerken, dass er fotografiert wird) mit seiner Gitarre in Aktion. Die Aufnahme wirkt roh, ungestellt, dokumentarisch. Der eingesetzte Blitz schärft die Kontraste zwischen Dunkel und Hell und lässt ein weiteres Bandmitglied schemenhaft am rechten Rand erkennen. Elvis hat den Mund weit geöffnet, er singt aus „voller Kehle". Diese durch die Technik des Blitzgeräts eingefangene Momentaufnahme wird durch die Reproduktion und intendierte Auswahl als Motiv für das LP-Cover von der Denotation »Gitarre spielender Mann« zur Pose bzw. Konnotation »Rock'n'Roller sind

Greil Marcus: Dead
Elvis. A Chronicle of
Cultural Obsession.
Harvard 1995

ungeschliffen, leidenschaftlich, urwüchsig, sexy«. Greil
Marcus, ein Musikkritiker und Theoretiker der Popkultur
ist der Überzeugung, dass dieses Foto (die Kombination
von jungem Mann und Gitarre) zum Sinnbild für Rockmusik schlechthin geworden ist. Viele andere Sänger und
Musiker werden zur gleichen Zeit mit Studio-Portraitauf-
nahmen auf dem Cover abgebildet, sie wirken dadurch im
Vergleich zum Elvis-Cover domestiziert.

Dreiundzwanzig Jahre nach Elvis erster LP erscheint
London Calling von der Punkband The Clash. Der Coverentwurf von Ray Lowry zitiert unverholen die Typografie
der Elvis-LP, kombiniert mit einer Schwarzweißaufnah-
me der Fotografin Pennie Smith, die den Clash-Bassisten
Paul Simonon bei einem Konzert in den USA zeigt. Junger Mann mit Gitarre in Schwarzweiß; Typografie links
vertikal, unten horizontal in Pink und Dunkelgrün: Das
sind die Signifikanten der Clash-LP, die eine formale
Übereinstimmung mit dem „Original" haben. Diese Übereinstimmungen dienen als Referenten, der Bezug des

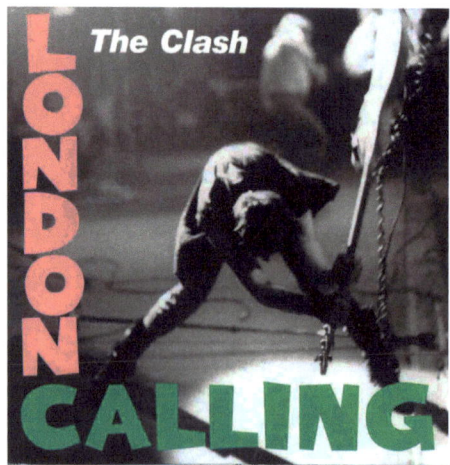

Clash-Coverdesigns geht also auf
ein Coverdesign; sein Referens ist
bereits ein eigenes Zeichen. Der Designer Lowry hat den Code, mit dem
bereits das Elvis-Cover gestaltet
worden war, nicht nur verstanden,
er hat ihn subtil auf die neue Zeit an-
gepasst, indem er die „Form" der Signifikanten nahezu identisch ließ,
Bildinhalt und Textdenotat jedoch
veränderte: Die Gitarre wird bei Elvis leidenschaftlich gespielt, bei The
Clash leidenschaftlich zerstört. Der

rohe Rock'n'Roll und Rhythm'n'Blues der Fünfzigerjahre
erlebten gegen Ende der 1970er Jahre eine Renaissance,
weil sie mit der neuen Einfachheit des Punk übereinzu-
stimmen schienen. Insofern baute das Clash-Cover nicht

nur auf die Kenner des Elvis-Covers von 1956 (das wäre Nostalgie oder Retro gewesen), sondern sprach die Zielgruppe im Jahr 1979 zeitgleich an.

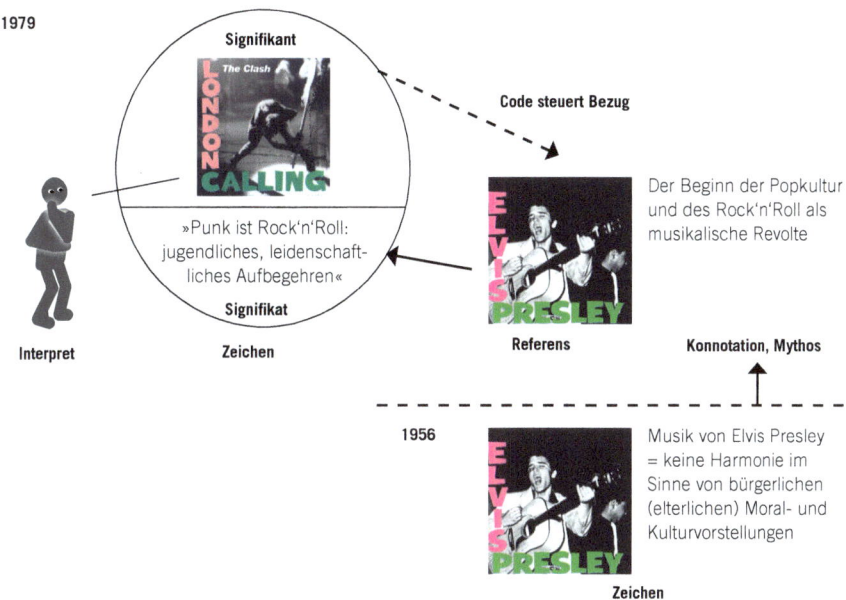

Spiel mit Referenzen: Indem „London Calling" 1979 das Cover der Elvis-LP von 1956 zitiert und gleichzeitig radikalisiert, werden die ursprünglichen Werte des Rock'n'Roll (antibürgerlich, Anti-Establishment) aktualisiert und in die Gegenwart (1979) transportiert. The Clash versichern sich einer Tradition des kulturellen Aufbegehrens.

9.
SPRACHE UND SPRECHEN

Die Begriffe **Sprache** und **Sprechen** lassen sich auf jedes Zeichensystem anwenden: Wir müssen eine „Sprache", d.h. ein System von bedeutungstragenden Einheiten, Zeichen und Zeichenclustern kennen und anwenden, dann können wir sie „sprechen". Die Sprache stellt uns ein Inventar zur Verfügung, mit dem wir kommunizieren können. Der Wortschatz (um im „Sprach-Bild" zu bleiben) kann dabei enorm variieren. Denn manchmal ist das Sprechen erwünscht und entsprechend verbreitet, bei anderen Systemen eher nicht.

Schauen Sie in Ihren Kleiderschrank: Sie finden dort eine Anzahl von Kleidungsstücken, mit denen Sie verschiedene Anlässe und Situationen kommunizieren und „sprechen" können. Sie haben verschiedene Codes gelernt, die aus einer Kombination verschiedener Textilien bestehen, die den Körper vom Kopf bis zu den Füßen bedecken können. In welchen Variationen Sie dies tun, können Sie anderen Vor-Sprechern überlassen (Modemagazine, Medien), oder Sie glauben, diese Codes so zu beherrschen, dass Sie, Abweichungen und Neuformulierungen eingeschlossen, Ihre eigene vestimentäre Sprache sprechen. In der Linguistik und der Semiotik nennt man diese Dichotomie auch **/Langue/** und **/Parole/**.

Beide Wissenschaften unterscheiden zwischen

Langue: soziale Institution und Wertesystem, kollektiver Vertrag

Barthes 1981, S. 13

1. dem System von Regeln und Elementen, die jedes Zeichensystem braucht, um funktionsfähig zu sein; das nennt man Langue. Die Langue kann man als soziale Institution und Wertesystem beschreiben, als einen kollektiven Vertrag, den der Einzelne nicht umgestalten oder neu erschaffen kann, wenn er sich nicht aus der Kommunikation ausschließen will. Die Langue muss erlernt werden.

2. dem Akt des tatsächlichen „Sprechens", der Parole genannt wird. Der Sprecher bedient sich der Regeln und des Inventars der Langue, um zu kommunizieren, am Diskurs teilzunehmen. Zwischen Langue und Parole besteht eine dialektische Beziehung, denn die eine kann ohne die andere nicht sein; das Sprechen als aktualisierte Praxis der Sprache formt, erweitert, reduziert diese, so dass sich Sprache als kollektiver Schatz verändert.

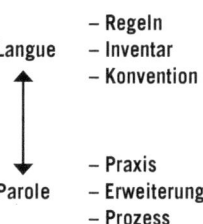

Parole: tatsächlicher Sprechakt, Diskurs

Langue
 – Regeln
 – Inventar
 – Konvention

Parole
 – Praxis
 – Erweiterung
 – Prozess

So wie es in der Sprache feststehende Redewendungen, Idiome gibt, können wir in der Semiotik von **erstarrten Syntagmata** sprechen, die, obwohl sie aus mehreren paradigmatischen Elementen bestehen, nicht mehr einzeln kombiniert werden, sondern als Ganzes in die Kommunikation eingebaut werden. Diese erstarrten Syntagmata scheinen eine Mischung aus Langue und Parole zu sein – sie sind kombiniert und gehören doch zum Sprachschatz. Als ein solches erstarrtes Syntagma kann man bestimmte Designformationen bezeichnen, etwa die Templates von Zeitschriften-Titelseiten oder auch die Kombination von Wortmarke, Bildmarke und Claim als Absender einer Werbebotschaft.

Wenn Sie zu einem festlichen Anlass im Casual Dress erscheinen, wird man dieses Nicht-Beachten oder Nicht-Sprechen-Können des vestimentären Codes als Regelverstoß wahrnehmen – kaum jemand wird die Ausrede durchgehen lassen, Sie hätten nichts Passendes anzuziehen (besonders in früheren Zeiten, manchmal auch heute noch ein Prinzip, um unliebsame Zaungäste von Veranstaltungen fernzuhalten; wer nichts anzuziehen hat, gehört eben nicht dazu). Andererseits können Sie den gelernten Code leicht variieren ohne anzuecken (d. h. sie werden verstanden, man kann Sie „lesen"), indem Sie die vorgegebene Langue mit Ihrer eigenen Parole formulieren: Sei es durch ein Kleidungsstück, das äußerst selten, extrem neu oder extrem alt ist, aber dem Code entspricht; oder durch Accessoires, die die etablierte Langue durch

vestimentär: auf Kleidung bezogen

neue Elemente erweitert. Das nennt man in semiotischer Terminologie **Idiolekt**, man könnte es auch als persönlichen Stil umschreiben.

Idiolekt: individueller
Gebrauch der Langue

Die Mode ist ein Zeichensystem, in dem Langue und Parole bereits sehr früh das Wechselspiel gespielt haben, von dem die Linguisten und Semiotiker lange annahmen, es gelte nur für die Sprache. Denn die Zeichensysteme, die die frühe Semiotik untersuchte, schienen eine Veränderung der Langue durch die Parole auszuschließen; es waren intendierte, konstruierte und stark codifizierte Systeme wie das Flaggenalphabet der Seefahrt oder die Verkehrszeichen. In beiden Fällen ist ein Sprechen und Verstanden werden nur bei rigoroser Beachtung der Langue möglich. Sie fallen durch die Führerscheinprüfung durch, wenn Sie die Regeln zwar kennen, diese aber am Steuer nach ihrem eigenen Gusto auslegen. Mit der Kleidung ist das möglich, seit sich die Gesellschaft nach den großen Umbrüchen im 18. Jahrhundert verbürgerlichte und soziale Unterschiede und Einstellungen durch modische Variationen nach außen kommunizieren konnte. Ein strenger Code ermöglicht in einer semiotischen Matrix nur eine einzige syntagmatische Kombination: Uniformen und Ordenstrachten schließen Varianten zugunsten von Einheitlichkeit, von Uniformität aus. Ein Code, der Varianten ermöglicht, solange das Syntagma erhalten bleibt, kennzeichnet offene Gesellschaften und Strukturen. Wie weit man den Code dehnen und aus der Langue seine eigene Parole machen kann, hängt vom Umfeld und der eigenen Sprachfähigkeit ab, die wiederum von der Angst vor Abweichung eingeschränkt oder von der Lust am Neuen angestachelt werden kann.

Die Verbindung von Semiotik und Soziologie zeigt sich am Thema Mode ganz besonders: Der Soziologe Georg Simmel untersuchte schon 1905 den sozialen Wandel am Beispiel der Mode und kam zu Ergebnissen, die auch heute noch Geltung besitzen und das gesellschaftswissen-

Georg Simmel:
Philosophie der
Mode. Berlin 1905

schaftliche Fundament für die Semiotik als Kulturwissen-
schaft bildeten (mehr dazu im Kapitel 14 „Semiotik und
Gesellschaft").

9.1
PROBE: DIE SPRACHE DER MODE

1963 veröffentlichte Barthes ein Buch mit dem Titel
Systéme de la Mode, das mit *Die Sprache der Mode* ins
Deutsche übersetzt wurde. Zur Enttäuschung vieler Leser analysierte Barthes jedoch nicht die Mode als solche,
auch nicht die Modefotografie, sondern die geschriebene
Mode, also den Text, den die RedakteurInnen der Modemagazine unter oder vor die Bildstrecken mit Modefotos
stellen. Auch wenn diese Untersuchung eher der Textlin-
guistik und der Textsemiotik angehörte, richtete sie ihr
Augenmerk doch auf ein hoch interessantes Feld: Denn
die Kleidung des Menschen ist längst kein Denotat oder
ein funktionaler Gegenstand mehr, sondern Teil eines
kommunikativen Systems, das man Mode oder Fashion
oder Style nennen kann und das selbst wieder Bestandteil anderer kommunikativer Systeme ist. In den *Elementen der Semiologie* von Barthes aus dem Jahr 1964 heißt
es dazu:

> „Nehmen wir zum Beispiel die Kleidung; zweifellos müssen wir
> hier drei verschiedene Systeme unterscheiden, je nach der Sub-
> stanz, die in der Kommunikation im Spiel ist. In der geschriebe-
> nen, d. h. von einer Modezeitschrift mit Hilfe der gegliederten
> Sprache beschriebenen Kleidung gibt es sozusagen nichts »Ge-
> sprochenes« {parole}; die »beschriebene« Kleidung entspricht
> niemals einer individuellen Realisierung der Regeln der Mode,
> sie ist ein systematisches Ganzes von Zeichen und Regeln; sie
> ist eine Sprache {langue} im Reinzustand. (...) Bei der photo-
> graphierten Kleidung ist die Sprache zwar stets aus der fashi-
> on-group hervorgegangen, aber sie erscheint schon nicht mehr
> in ihrer Abstraktion, da die photographierte Kleidung immer
> von einer individuellen Frau getragen wird; was die Modepho-

tographie zeigt, ist ein halbsystematischer Zustand der Kleidung; denn zum einen muss die Modesprache hier aus einer
pseudorealen Kleidung erschlossen werden, und zum anderen
ist die Trägerin der Kleidung (das photographierte Mannequin)
ein normatives Individuum, wenn man so sagen darf, das in
Funktion seiner kanonischen Allgemeinheit ausgewählt wurde und folglich ein erstarrtes »Wort« {parole}repräsentiert,
jeder kombinatorischen Freiheit beraubt. Schließlich finden
wir in der getragenen Kleidung, wie Trubetzkoy sagte, die klas-

Barthes 1979, S. 23f. sische Unterscheidung von Langue und Parole wieder (...)."

Die Langue der Kleidung besteht nach Barthes aus
Gegensätzen/Oppositionen von Kleidungteilen und
Einzelstücken, deren Variation eine Aussage verändert
(Baskenmütze vs. Bowler), aber auch aus den Regeln der
Zusammenstellung nach gesellschaftlichen Vorbildern.

Die Parole ergibt sich aus der Art der Fabrikation
(selbst gemacht, Schneideranfertigung, Massenware),
aber auch Paradigmen wie der Größe, dem Abnutzungs-
grad von Kleidungsstücken, der Kombination verschiedener Teile, der Adaption von Accessoires und möglicher
regionaler oder traditioneller Aspekte (dazu gehören
Trachten, spezielle Arbeitskleidung etc.).

Wie gesagt, die geschriebene Mode als geschlossenes
System hatte Barthes in *Die Sprache der Mode* untersucht. Die fotografierte Kleidung (klassische Modefotografie) ist demnach ein Zwischending: Einerseits wurde
ein vestimentäres Syntagma an einem menschlichen Fo-
tomodell zusammengestellt, das repräsentativ für eine bestimmte modische Rhetorik oder einen neuen Code bzw.
Stil sein soll – es dient als Prototyp. Die Langue der aktuellen Mode ist zu einem gewissen Teil durch Redakteure,
Art Directors, Stylisten „gesprochen" und damit zur Parole geworden, aber diese Parole ist ein sozusagen nur vor-
getäuschtes Sprechen, ein „erstarrtes Wort", wie Barthes
das nennt. Die tatsächlich getragene Kleidung ist für Barthes ein vollkommenes Zeichensystem, da es eine Langue

mit Regeln gibt und eine Parole, die für jeden darin besteht, mit den jeweils individuellen Möglichkeiten die
Langue auszufüllen.

Wenn man annimmt, dass es mit dem Auf-
kommen der Massenmedien und den parallel
dazu einsetzenden Textilproduktionsverfahren
immer leichter wurde, eine Langue der Kleidung zu lernen und individuell als Parole zu
sprechen, dann scheint es dennoch um 1965
herum einen Einschnitt zu geben, der der Parole mehr Platz einräumt, ja, die Parole zum Aus-
gangspunkt einer neuen Langue macht. Mit der
Popkultur wird nämlich das bis dahin geltende
Mode-Paradigma des Top-down umgedreht zu

einem Bottom-up. Der Minirock, die Chelsea-Boots, Pais-
ley-Hemden und andere modische Neuerungen der Swinging Sixties kommen nicht aus den Ateliers der Haute
Couture, sondern aus den Boutiquen der Jugendszenen
und finden von dort aus ihre Verbreitung. Natürlich werden zu dieser Zeit weiterhin prototypische Pop-Syntag-
mas in den Modemagazinen abgebildet, aber der Trend
zum Kombinieren sowohl auf der paradigmatischen wie
der syntagmatischen Achse ist geboren. Die damalige
Zeit ermöglicht eine legere Codierung. Die Freiheit der
Kombination lässt eine geraume Zahl von Individuen zu
„Style Icons" werden, deren vestimentäre Kombinationen
(die individuelle Parole) von den Medien zu Beispielen einer neuen Langue gemacht werden, die wiederum von unzähligen Leserinnen und Lesern adaptiert und zur Parole
gemacht wird ...

Diese Mechanik erreicht momentan einen neuen Höhepunkt durch spezielle Modeblogs, deren Inhalt darin
besteht, Menschen auf der Straße als Beispiele für eine
auffällige Parole zu fotografieren. Es darf als sicher gelten, dass sich in den Moderedaktionen die Redakteure,

Katalog für „Mod
Gear" 1966: fertige
Langue auf Basis einer
ehemals individuellen
Parole

London, Carnaby
Street 1968: Langue
wird zu Parole wird zu
Langue ...
(http://www.retronaut.
co/2010/02/carnaby-
street-1968-in-colour/)

Stylisten, Art Directoren und Fotografen diese Beispiele sehr genau anschauen und als Vorbilder für ihre eigenen Produktionen nehmen. Der Blog *The Sartorialist* (ins Deutsche übersetzt würde es holprig heißen „Der Liebhaber guter Schneiderarbeit") wird von dem Modefotografen Scott Schuman betrieben mit der Absicht, einen „dialogue about the world of fashion and its relationship to daily life" zu führen. Schuman fotografiert Männer und Frauen in New York, London, Paris, Florenz und Mailand, deren Kleidungsstil er in Hinsicht auf das Spiel von klassischen Vorgaben und individueller Ausgestaltung interessant findet. In semiotischer Terminologie formuliert: Menschen, die aus den Vorgaben einer vestimentären Langue ihre Parole entwickeln, der wiederum bestimmte Codes zu Grunde liegen. Denn es geht Schuman nicht darum, nur unkonventionell angezogene Menschen zu zeigen (das würde auch schlechten Geschmack, Unfähigkeit oder Fehler, wie immer man sie definiert, einschließen), sondern das Spielen mit den Codes im Hinblick auf etwas, das für die Interpretanten als stylish oder cool gilt, also positiv konnotiert ist.

http://www.thesartorialist.com/biography/

Die über viele Jahrzehnte von verschiedenen Institutionen vorgegebene Langue des korrekt gekleideten Mannes besteht aus einem erstarrten Syntagma von bspw. Hemd, Binder, Weste, Jackett, Hose, Socken, Schuhen (es geht um die von außen sichtbare Kleidung). Diese Kombination verschiedener paradigmatischer Elemente kann unter Beibehaltung sämtlicher Paradigmata vielfältig variiert werden: Farbe, Schnitt, Material. Der Code regelt bestimmte Operationen, die Kombinationen ausschließen oder zulassen. Ein konventioneller vestimentärer Code besagt, dass niemals verschiedene Muster miteinander kombiniert werden sollen oder Farben, die einander ähnlich sind („sich beißen"). Dieser Code regelt auch die Farbe des Binders und der Strümpfe, die bei Männern nicht auffällig sein sollen. So könnte man noch eine ganze Reihe von Operationen anschließen, die zum Code »formal ordentlich, korrekt gekleidet« gehören.

Ein anderer Code (nennen wir ihn der Einfachheit halber Metro), dessen Sinn darin liegt, syntagmatisch nahezu identisch vorzugehen, aber eine andere Bedeutung zu erzeugen, ignoriert diese konventionellen Regeln und ersetzt sie durch neue. Nach diesen Regeln sind die Kombinationen verschiedener Muster und Stoffe erwünscht; Hosen dürfen so kurz sein, dass man die farbigen Strümpfe sofort wahrnimmt; Casual- und Formal-Elemente werden vermengt.

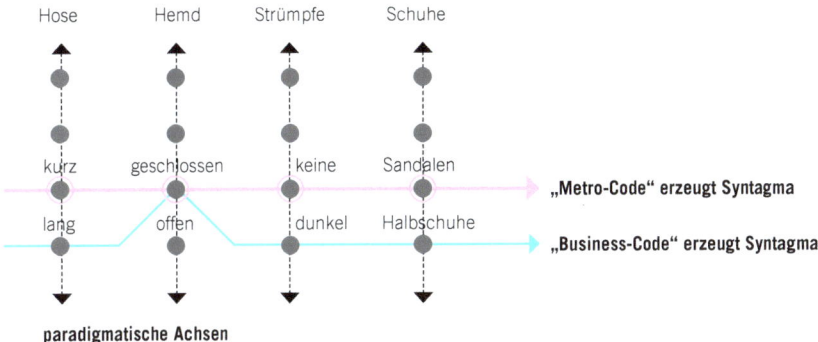

Wie schnell aus dieser Parole eine Langue wird (wenn auch eine, die die persönliche Parole ihres Schöpfers wiederzugeben behauptet), sieht man am Beispiel des britischen Designers Paul Smith. Es geht darum, hochwertige, teure Kleidung für Männer zu entwerfen, die dem klassischen vestimentären (und erstarrten) Syntagma /Anzug/ entspricht und es gleichzeitig verändert. Das Syntagma /Anzug/ besteht aus mindestens zwei, maximal drei Teilen. Der Code »Business« ist in beiden Fällen eingehalten, auch wenn die Strümpfe fehlen. Das Fehlen der Strümpfe ist keine versehentliche Leerstelle, sondern ein bewusstes Null-Sem, dessen Existenz durch die kurzen Hosen artikuliert wird. Die Bedeutung der kurzen Hosen entsteht aus der Überbetonung des Übergangs vom Schuh zur Hose, normalerweise eine verschwiegene Zone, die im Business-Code durch dunkle Socken verwischt wird. Nackte Füße und bunte Socken entblößen dagegen den Körper unter dem Anzug. Wir haben es mit zwei verschiedenen Idiolekten zu tun, die über den Kanal „Fotografie/ Web" mit anderen idiolektischen Syntagmata zu einer neuen Gruppe von Sprechern zusammengefasst werden, so dass man von einer wirklichen Parole ausgehen kann.

Fotos: © Paul Smith
http://www.paulsmith.
co.uk/uk-en/collections/
mens/paul-smith-ss13

9.2
PROBE: AUTOFORMEN

Langue und Parole als Pole sind nicht nur wichtige Triebfedern beim Prozess der Mode, sondern viel weiter gehend beim Prozess der ständigen Umformung unserer Produktwelt. Wir können uns fragen, welche Einflussmöglichkeiten auf industrielle hergestellte Produkte (Langue im weitesten Sinn) haben Nutzer? Ist auch hier der Übergang von Parole zu Langue möglich? Design beschreibt nicht nur das Objekt und seine Produktform, sondern auch die in die Form eingeschriebenen Handlungsanweisungen und damit verbundene Habitus. Nicht allein das „Wie?" der Benutzung, sondern das Wo?, das Wann? und mit Wem? spielen für die Aneignung eines Gegenstands eine große Rolle. Das gelingt scheinbar besonders gut bei Objekten, die aus verschiedenen Bestandteilen (Technik- und Designkomponenten bzw. vorkomponierten Syntagmata) zusammengesetzt sind: Fahrzeuge (Fahrräder, Motorräder, Autos). Deshalb werden wir zuerst dieses Feld unter dem Aspekt der Dialektik von Langue und Parole betrachten.

In den bereits zitierten *Elementen der Semiologie* von Barthes findet sich ein kurzer Abschnitt, der sich mit den Analysemöglichkeiten von Design beschäftigt.

> „Beim Automobil besteht die »Sprache« {langue} aus einer Gesamtheit von Formen und Details, deren Struktur sich differentiell herstellt, indem man die Prototypen untereinander vergleicht (unabhängig von der Zahl ihrer Kopien); das »Sprechen« {parole} ist sehr eingeschränkt, denn bei gleichem Standard ist die Freiheit in der Auswahl des Modells äußerst gering: man kann nur mit zwei oder drei Modellen spielen und innerhalb eines Modells nur mit der Farbe oder der Innenausstattung; doch vielleicht müsste man hier den Begriff des Automobil-Objekts in den der Automobil-Tatsache umwandeln; dann würde man im Automobil-Verhalten die Gebrauchsvariationen des Objekts wiederfinden, die gewöhnlich die Ebene des Sprechens bilden; der

Barthes 1979, S. 25

Benutzer kann hier nämlich nicht unmittelbar auf das Modell einwirken, um dessen Einheiten zu kombinieren; seine Freiheit der Realisierung betrifft einen Gebrauch, der sich im Laufe der Zeit entwickelt hat und innerhalb dessen die aus der Sprache hervorgegangenen »Formen« die Stationen gewisser Praktiken durchlaufen müssen, um sich aktualisieren zu können."

Vermutlich wusste Barthes nichts über die amerikanische Autokultur, sonst hätte er sein Theorem auch noch faktisch untermauern können. Das, was er „Automobil-Verhalten" nennt, ist in den USA bereits in den späten 1940er Jahren sehr ausgeprägt. An der Westcoast bauen jugendliche Fahrer ihre gebraucht gekauften alten Wagen um, um sie ihrem Automobil-Verhalten anzupassen:

Die US-Zeitschrift Motor Trend präsentiert 1950 ein gechopptes Custom Car auf dem Titel

Cruising in der Stadt und Drag-Racing auf Asphalt und auf Sand. So entsteht ab 1945 die Kultur des Hot Roddings: getunte Autos, die einerseits alt sind, andererseits hochgezüchtet und mit Spezialkarosserien und -lackierungen versehen werden. Ein besonderes Merkmal der Karosserieveränderung ist das Chopping, die Verringerung der Bauhöhe des Greenhouse genannten Dachaufbaus inklusive der Fenster. Im Extremfall werden die Fensterflächen auf die Hälfte ihrer ursprünglichen Höhe gechoppt. Dadurch erhält der Wagen eine geduckte Anmutung. Durch die Montage verschieden breiter und großer Räder an der Vorder- und Hinterachse stehen die Hot Rods oft schräg nach vorn geduckt auf der Straße, was den Eindruck von Aggressivität und Kraft noch verstärkt. Dieses „Automobilverhalten" – man könnte auch von einer Parole sprechen – blieb der amerikanischen Autoindustrie nicht verborgen. Bereits Mitte der 1950er Jahre präsentierte der Marktführer General Motors Designstudien wie den Van „L'Universelle" und den Sportwagen Buick „Bear Cat", die beide Elemente des Customizing, Chopping und Rodding enthielten: die Parole ging in die Langue ein.

In Europa begann das optische Tuning erst in den 1960er Jahren. Es waren vor allem Spoiler und Kotflügelverbreiterungen, die an Serienautos angebracht wurden. Darauf reagierten die Designabteilungen der Hersteller anfangs zögerlich, ad-

Mini Coupé 2012 mit gechopptem Dach.
Foto: BMW AG

aptierten aber die Parole teilweise bis zu einem Punkt, der uns heute vollkommen selbstverständlich zur Langue dazu zu gehören scheint. Tatsächlich steckt ein langer Weg dahinter, den man beispielhaft für die ästhetische Umschreibung von markenaffinen Werten benennen kann.

Ausgebauchte Radhäuser waren ursprünglich ein Merkmal von Serienautos, die für den Motorsport modifiziert wurden; die breiten Rennreifen und -felgen wurden so in die Karosserielinie integriert. Der Inhalt der Kotflügelverbreiterung war »Sport, Leistung«. Die gängige Parole des Automobildesigns bis in die 1990er Jahre hinein sah glatte

BMW 5er Reihe 2012: ausgestellte Radhäuser
Foto: BMW AG

Seitenflächen vor, auf die der Tuner dann die Kotflügelverbreiterungen nachträglich aufsetzte. Mit dem Wechsel der Designsprache von rational zu emotional Ende der 1990er Jahre kehrten biomorphe und weiche Formen ins Automobildesign zurück. Leichte Ausbauchungen als formaler Kontrast zu konvex-konkaven Seitenflächen prägten die neue Parole vieler Hersteller.

**DRITTER TEIL:
ÜBER KOMPLEXE ZEICHENSYSTEME,
MYTHEN UND MARKEN**

10.
SEMIOTIK UND DESIGN

Zeichenprozesse sind reziprok: Als Betrachter, als Interpretant erwecke ich ein Zeichen erst zum Leben. Selbst
wenn sich ein Zeichenproduzent viel Mühe damit gegeben hat, ein Zeichen zu gestalten, dass mich ansprechen
soll, wird es erst zum Zeichen, wenn ich es wahrnehme.
Als Produzent von Zeichen kümmert man sich vor allem
um die Form, um die sinnlich wahrnehmbare Seite des
Zeichens. Doch im Unterschied zur „zufälligen" Wahl von
Bedeutung tragenden Einheiten machen sich Gestalter
(ob Designer, Musiker, Fotografen, Filmer, Architekten
usw.) Gedanken darüber, wie bestimmte Inhalte – ob vor-
gegeben oder selbst erstellt – über eine bestimmte Form
(bereits vorhanden und ausgewählt oder neu erstellt)
transportiert und vermittelt werden können.

Dem Gestalter steht ein Inventar von Formen zur Verfügung, von denen viele als erstarrte Syntagmen Grund-
bausteine einer Gestaltungsaufgabe darstellen. Es wird
auch nicht verlangt, mit jeder Aufgabe die Welt neu zu
erfinden, das wäre innerhalb der Kommunikationspro-
zesse viel zu aufwändig. Insofern wird ein hohes Maß an
Bekanntem eingesetzt, das mit einem kleinen Anteil von
Neuem, so noch nicht Kombiniertem, vermengt wird. Gestaltung nennt man die Tätigkeit, die die Form formt – Gestalter arbeiten an der **metasprachlichen** Erweiterung
und Veränderung der Formseite des Zeichens.

Siehe dazu auch Kapitel 13. Metasprache und Konnotation, S. 120 f.

Es hat in der Geschichte der Gestaltung immer wieder
radikale Entwürfe gegeben, die eine Sprache zu etablie-
ren suchten, die den zeitgenössischen Sprechern fremd
war. Heute haben wir eher mit dem Umstand zu tun, dass
es kaum noch Bereiche gibt, die nicht bereits intentional
gestaltet wurden. Da das 20. Jahrhundert bereits alles gesehen hat, von der gegenstandslosen Kunst und weißen
Flächen über verschwenderische Pracht und Verzierun-

gen aller Art, sind die großen gestalterischen Gegensätze in differentielle Unterscheidungen übergegangen. Bedeutung als differentielle Funktion wird über die Kombination paradigmatischer Elemente zu neuen Syntagmata hergestellt. Das geschieht meistens, indem erstarrte Syntagmata oder bereits bekannte Kombinationen von Zeichen, – Zeichenketten oder -cluster – verwendet und neu kombiniert werden. Es mag dann zwar heißen, dass „nichts originär Neues" entstanden sei, aber die vermeintlich großen Sprünge der Avantgarde des frühen 20. Jahrhunderts sind passé.

Als Gestalter ist man eigentlich der Semiotiker par excellence: Für einen Inhalt werden Formen gesucht, die diesen Inhalt optimal transportieren, Aufmerksamkeit erzeugen. Insofern haben wir es mit einer „doppelten" Formierung zu tun: Um eine Idee oder einen Gedanken zu kommunizieren, muss jeder Sprecher eine Form dafür finden. Beim Sprechen geschieht das nahezu unbewusst, da die Parole nahezu automatisch erzeugt wird. Beim Schreiben tun sich viele schon schwerer, obwohl wir alle schreiben können: doch die Parole scheint sich der Form nicht so schnell beugen zu wollen wie beim Sprechen. Beim (visuellen) Gestalten schließlich lässt man die Profis ran; das Erlernen der visuellen Langue scheint dabei die eigentliche Herausforderung zu sein, obwohl zuerst das Erlernen der visuellen Parole im Fokus zu stehen scheint. Noch einmal: Gestalter formen die Form.

Ein Beispiel: Die Schriftzeichen sind einerseits die Form von bedeutungstragenden Einheiten der Signifikate, gleichzeitig können sie ganze Morpheme oder Signifikate repräsentieren. Aber innerhalb der Kulturgeschichte hat man zu verschiedenen Zeiten und für verschiedene Anwendungen diese eigentlich konventionalisierten Schriftzeichen in immer neuen Variationen geschrieben, geschnitten und gesetzt, so dass wir heute die Qual der Wahl haben, wenn wir uns entscheiden müssen, welches der verfügbaren 20.000 Typefaces wir verwenden.

Die Form ist nie ohne Bedeutung und ohne Inhalte. Oft sind die Inhalte rein differentieller Natur, d. h. der Inhalt von Form A ist, nicht Form B zu sein. Das mag banal klingen, ist aber für jeden Kommunikationsakt von entscheidender Bedeutung. Jenseits dieser einfachen Differenz kann mit Form A jedoch viel mehr verbunden sein, wenn Form A ihrerseits mit weiteren Formanten kombiniert wird, die bspw. auf der Konnotationsebene die Bedeutung »Schweizer Typografie« oder »konstruktivistische Grafik« ergeben. Insofern sind nicht einmal die einzelnen Zeichen oder die einzelne Form entscheidend, sondern der Code, der die Kombination verschiedener Formanten zu einem für uns bekannten oder einzuordnendem Ganzen macht.

Das Typeface Univers 45 unterscheidet sich differentiell von der großen Gruppe der Serifenschriften durch die Absenz von Serifen. Das Vorhandensein oder Fehlen von Serifen ist erst im Laufe der vergangenen 110 Jahre zu einem Bedeutung tragenden Merkmal geworden, einfach deshalb, weil es vorher keine serifenlosen Typefaces gab. In Opposition zu anderen serifenlosen Typefaces wie der Akzidenz Grotesk oder der Helvetica/Neue Haas Grotesk zeichnet sich die Univers durch einige Feinheiten aus, die dieses Typeface in den Augen vieler Gestalter zum Optimum aller serifenlosen Schriften haben werden lassen. Die Univers ist ab 1951 von dem Schweizer Typografen Adrian Frutiger mit dem Anspruch gezeichnet worden, eine universelle Schriftfamilie zu kreieren, die für alle Eventualitäten einen passenden Schriftschnitt bereitstellt, daher der Name Univers. Von extrem mager bis extrem fett, von extrem schmal bis besonders breit, die Univers gilt als eine der am besten ausgebauten Schriftfamilien aller Zeiten. „Prima", ist man versucht zu denken,

„dann braucht man doch eigentlich nur noch diese Einheitsschrift, die mit mittlerweile 60 verschiedenen Schnitten jedes typografische Problem zu lösen vermag?". Während sämtliche Gestalter der Welt heute laut aufschreien würden, gab es zwischen 1955 und 1970 nicht wenige Grafiker, die mit dieser Wahl kein Problem gehabt hätten. Sie verwendeten nämlich ohnehin nur serifenlose Schriften und seit Erscheinen der Univers vorzugsweise diese.

Wenn Sie als GestalterIn heute die Univers in einem Ihrer Entwürfe verwenden, kommt niemand auf die Idee, sie würden in der Tradition der Schweizer Typografie arbeiten. Erst wenn sie versuchen, den Code von damals auf Ihre heutigen Gestaltungaufgaben zu übertragen, sieht die Sache anders aus. Der Code der Schweizer Typografie war getragen von einer Kultur, die in der Form nur den Ausdruck der Funktion sah. Schriften hatten Informationen zu transportieren, Lesefreundlichkeit zu garantieren; also weg mit den Schnörkeln! Im vorliegenden Fall (ein Entwurf von Josef Müller-Brockmann) haben wir es mit symbolischen Zeichen (Schriftzeichen aus der Akzidenz-Grotesk oder Neuen Haas Grotesk; ungegenständliche, geometrische Flächen) zu tun, die eher eine Idee denn ein konkretes Objekt repräsentieren. Die Idee hinter der Schweizer Typografie, ihr Referens, ist eine Geisteshaltung, eine Ideologie, die sich als inhaltliche Steuerung und als Code in der Form, aber auch im Inhalt niederschlägt.

Wir sind heute versucht, Typefaces wie der Helvetica oder der Arial keine Bedeutung zuzuschreiben, weil es mittlerweile ubiquitär vorhandene Schriftschnitte sind, die in den meisten Fällen einer eher „unbewussten" Gestaltung dienen: Präsentationen, Bedienungsanleitungen, Anschreiben. Das war 1957 anders. Nach einer ersten Hochphase der Grotesk in den späten 1920er Jahren lag

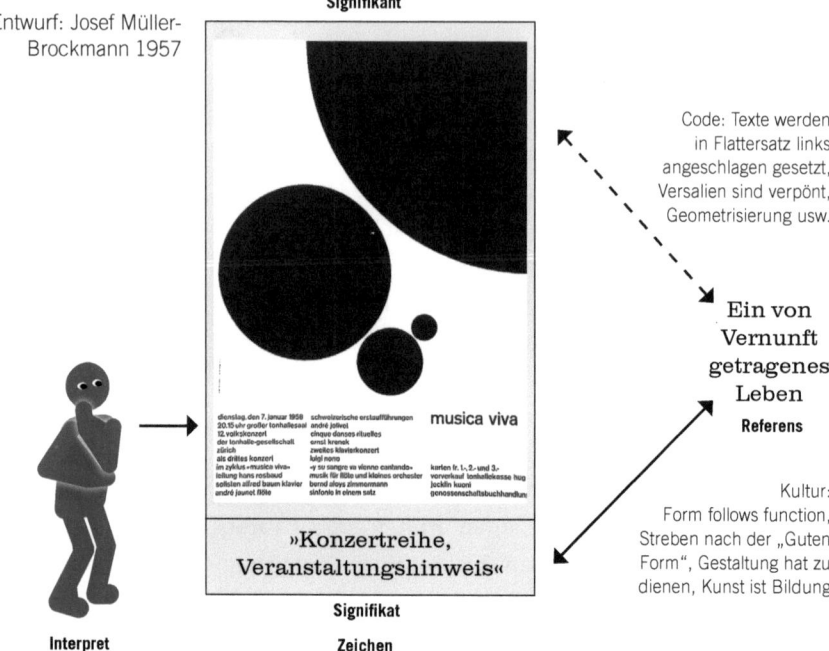

Entwurf: Josef Müller-Brockmann 1957

Signifikant

Code: Texte werden in Flattersatz links angeschlagen gesetzt, Versalien sind verpönt, Geometrisierung usw.

Ein von Vernunft getragenes Leben

Referens

Kultur: Form follows function, Streben nach der „Guten Form", Gestaltung hat zu dienen, Kunst ist Bildung

Signifikat

Zeichen

Interpret

der Schriftmainstream der 1950er Jahre auf Serifenbetonten Antiquaschriften und Typefaces mit Handschriftcharakter. Schriftgestaltung hatte eine starke inhaltliche Aussage: von Zeitgenossenschaft über den Hinweis auf einen Medientyp bis zur ideologischen Parallelität. Der Gestalter Otl Aicher lehnte die Verwendung der römischen Capitalis ab mit der Begründung, eine Schrift, die für einen totalitär geführten Staat stehe, können man nicht in einer Demokratie verwenden. Nach einer Parallelität von Form und Inhalt sehnen sich auch diejenigen, die heute noch Frakturschrift für autoritativ-rückwärtsgewandte Ideologien und Botschaften verwenden

Brockmann, ein Freund der Schrift Neue Haas Grotesk, betonte die Kraft der Typografie mit dem Kniff der bewussten Kleinschreibung: Dadurch versuchte er, formal einen höheren Grad der Homogenität zwischen den Schriftzeichen herzustellen und inhaltlich die Moderni-

90

tät und Andersartigkeit, das „bewusste Design" hervor-
zuheben. Die differentielle Bedeutung der Neuen Haas
Grotesk (im Verhältnis zur Perpetua, Garamond, Opti-
ma, Cheltenham etc.) wird potenziert durch die bewusste
Kleinschreibung und die einer klassizistischen Schriftgestaltung zuwiderlaufenden Operationen: Flattersatz,
gleiche Schriftgrößen für Headline und Copy (=keine Hi-
erarchisierung). Damit setzte sich die Schweizer Typografik bspw. rigoros vom weltberühmten Typografen Jan
Tschichold ab, der im britischen Exil von der experimen-
tellen, von ihm mitbegründeten konstruktivistischen
Gestaltung der 1920er Jahre zu einer eher klassizistisch
anmutenden Typografik zurückgekehrt war.

Jan Tschichold,
Coverentwurf für Penguin
Books, ca. 1945

Gerade im Bereich Design wird damit klar, das Bedeutung zuerst eine differentielle Funktion ist, die im zweiten Schritt nahezu unwillkürlich in eine Sinnfunktion
umschlägt: als Opposition zu anderen, jeweils mit sozialer und kultureller Bedeutung aufgeladenen Formen und
Syntagmata. „Formalismus", verstanden als Vorwurf einer leeren Form ohne Inhalt, ist unter semiotischem Gesichtspunkt nicht möglich.

10.1
PROBE: SCHWEIZER TYPOGRAFIE UND PUNK

Was geschieht nun, wenn der Code »Schweizer Typografie« auf Inhalte angewendet wird, die traditionell durch
einen ganz anderen Code dargestellt werden? Was wird
dann vom Betrachter verstanden, was ist dann die Bedeutung für den Interpretanten? Der amerikanische Grafiker
Mike Joyce hat viele Poster im Stil der Schweizer Typografie für Bands und Künstler der amerikanischen Punk-
und Postpunkbewegung entworfen – nachträglich, als
Retro-Haltung.

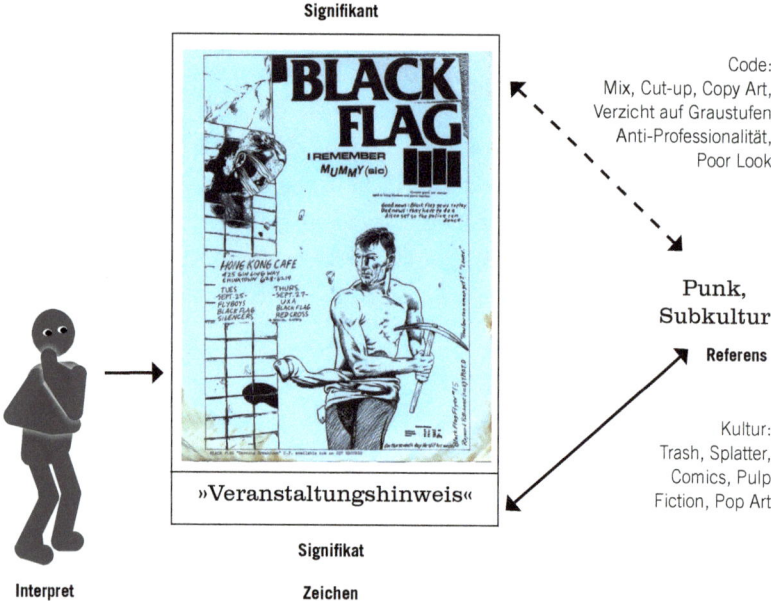

Das Veranstaltungsplakat von 1984, gestaltet von dem
amerikanischen Zeichner Raymond Pettibon, vermischt
Mittel der Copy-Art und des Comic. Allerdings ist die
Zeichnung des Mannes mit der Spitzhacke individuali-
sierter als eine konventionelle Comiczeichnung, die auf
unbedingte Gleichmäßigkeit in der Ausführung angelegt
ist, um der Bilderserie einen einheitlichen Look zu ge-

ben. Das Lettering besteht aus handschriftlichen Teilen und grob aufgebrachten (geschnittenen und geklebten) Typeface-Fragmenten. Nur das Bandlogo mit der aus vier schwarzen Balken zusammengesetzten „Fahne" besitzt so etwas wie einen standardisierten, industriellen Charakter. Das Plakat enthält keine Grauwerte, sondern nur schwarze Volltöne; ein Effekt, der durch einfachste Reproduktionsverfahren erzwungen ist und zustande kommt, aber durch diese auch schon wieder zum Zeichen für eine ästhetische Haltung wird: „Wir können uns keine Reproduktionstechnik leisten und das zeigen wir auch allen." Der Pettibon-Entwurf folgt keinem bekannten gebrauchsgrafischen professionellen Code, sondern erzeugt seine Ästhetik aus der (bewusst) unprofessionellen Anordnung verschiedener grafischer Elemente (Schriften, Balken, Zeichnung).

Mike Joyce macht eine maximale **Kommutationsprobe**: Wieviel Bedeutung bleibt übrig, wie entwickelt sich der Sinn des Plakats, wenn man den Code, der die Ge-

Kommutationsprobe: Verfahren zur semantischen Analyse

Konzertplakat für Black Flag
© Raymond Pettibon, 1984

Konzertplakat für Black Flag von Mike Joyce aus der Serie „Swissted", 2011
(www.swissted.com)

staltung regelt, komplett austauscht und durch einen anderen Code ersetzt? Die denotativen Elemente (Namen, Orte, Daten) bleiben gleich (selbst wenn man Ort und Daten ändert, bleibt es ein Konzertplakat), aber die durch den Code erzeugten konnotativen Elemente machen aus Black Flag seriöse Musiker, die vor arriviertem Publikum im Kantonssaal aufspielen. Ein Vierteljahrhundert nach dem Höhepunkt der Postpunk-Bewegung haben sich die Bedeutungssysteme und die sie steuernden Codes verändert. Wenn heute Gestaltung durch keinen offiziellen Code mehr geregelt wird (gemäß dem postmodernen Diktum anything goes), ist dann nicht die strikte Einhaltung des Codes der Schweizer Typografie ein Affront, ähnlich der Regellosigkeit der Gestaltung im Umfeld geregelter Gestaltung anno 1984?

Die Stilistik des Punk ist heute auf T-Shirts globaler Handelsketten als Retromotiv zu finden. Die Verbindung der Signifikanten zu ihrem Referens scheint abgeschnitten – T-Shirt Punk is dead. Der Code existiert weiter, aber das neue Referens ist keine gelebte Kultur, sondern Geschichte gewordene Popkultur und damit Selbstreferenz. Der stark geregelte Code der Schweizer Typografie kann heute als ein klares Statement, eine Haltung gegenüber dem gestalterischen Dschungel der Möglichkeiten begriffen werden; er ist damit heute genauso „off" wie der Code der grob geklebten Fotokopie um 1980 „off" war. Der wichtige Unterschied ist nur: Es ist ein Rückbezug und keine neue Stilistik. Es ist ein „was wäre, wenn?".

10.2
PROBE: ZEICHENSCHICHTEN UND GESCHICHTE

Die Verwendung bekannter Signifikanten als erhoffte Garanten erfolgreicher Kommunikation muss nicht zwangsläufig gelingen. Dieses Plakat für einen Club verwendet einen Signifikanten, der für unterschiedliche Signifikate steht, auch wenn sie miteinander in Verbindung zu stehen scheinen. Der Besitzer der Diskothek würde sich wahrscheinlich wundern, wenn am besagten Termin einige hundert Occupy-Aktivisten die Tanzfläche besetzten oder Anonymus-Hacker die IT-Systeme seines Betriebes lahmlegten. Dabei hatte er sie doch dazu aufgerufen, oder nicht?

Plakat für einen Club in Ulm, 2012

1982 begannen Allan Moore und David Lloyd mit der Graphic Novel *V for Vendetta*, der Geschichte eines Mannes, der in einem faschistisch regierten England der Zukunft zum anarchistischen Rächer wird und eine Maske trägt. Diese Maske ist dem Bild eines englischen Offiziers nachempfunden, der im Jahr 1605 das englische Parlament anlässlich seiner Eröffnung samt aller Repräsentaten des Königreichs in die Luft sprengen wollte; der Mann

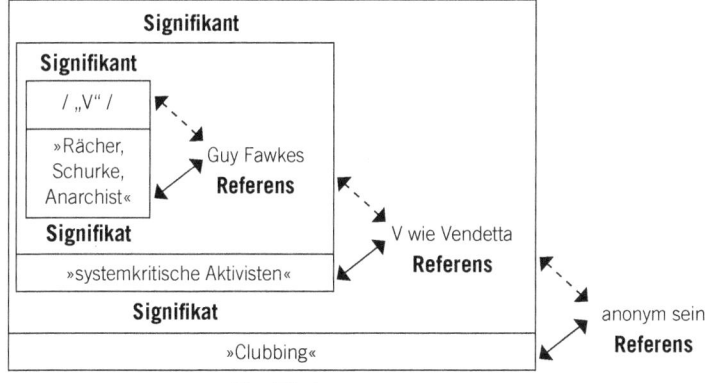

hieß Guy Fawkes. Die Verfilmung der Graphic Novel 2006 machte den Stoff und die Guy Fawkes-Maske weltweit bekannt. Der Protagonist V (was „Villain", Schurke bedeuten kann) verfolgt einerseits hehre Ziele, ist andererseits von individueller Rache getrieben und geht über Leichen. Er handelt wie vor ihm Revolutionäre und Aktivisten, die aus der Erkenntnis der geschichtlichen Situation heraus für eine Veränderung kämpfen, doch alles Menschliche fahren lassen, wenn es der Erreichung der Ziele im Wege steht. Die Figur des V ist ambig angelegt und fragt nach dem Verhältnis von abstrakter Idee und eigenem Gewissen. Die packende Inszenierung der Vergeltung gegenüber einem übermächtigen System machte den Film nicht nur kommerziell erfolgreich, sondern die Maske zum Signifikanten eines diffusen Protestes gegen das „System": Die Finanzkrise, die Diskussion um freien Zugang zu Daten im Internet, WikiLeaks und Globalisierungskritik schufen 2006/2007 ein Potenzial von Aktivisten, die sich in verschiedenen Organisationen und Bewegungen wie Attac, Occupy und Anonymus repräsentiert sahen. Auf Demonstrationen tauchte die Maske immer häufiger auf; sie war im Begriff, das Signifikat »Rächer; fiktiver Charakter einer Graphic Novel bzw. eines Films« auszutauschen gegen das Signifikat »Repräsentant einer regierungs- und finanzkritischen Gegenbewegung, die sich zwecks befürchteter Überwachung anonymisiert«.

Sem: kleinste Bedeutung tragende Einheit

Von diesem Signifikat ist im eingangs geschilderten Beispiel offensichtlich nur das Sem »anonym« übrig geblieben. Was erwartet die Clubbesucher? Ein venezianischer Maskenball zu aktuellen Beats? Die Guy Fawkes-Maske bzw. ihr grafisches Kürzel werden mittlerweile nicht mehr nur von traditionell politisch links stehenden regierungs- und systemkritischen Gruppierungen verwendet, sondern auch von eher im rechten Spektrum zu verortenden Gruppen – die Ambiguität von V hat sich erhalten.

11.
DAS FOTOGRAFISCHE BILD

Im ersten Kapitel sind wir auf das Theorem gestoßen, dass Bilder der Sprache vorausgehen und wir möglicherweise bereits in Bildern denken, bevor wir sprechen können. Das Herstellen von Bildern war über zehntausende von Jahren die Arbeit und Aufgabe von Spezialisten, die sich eine besondere Technik angeeignet hatten, „das Leben" in Ausschnitten – das, was wir Bild nennen – zu repräsentieren. Wir kennen die Höhlenmalereien der Steinzeit mit ihren beeindruckenden Darstellungen von Tieren und Menschen. Vermutlich hatten diese frühen Bilder magischen Charakter, sie sollten Kräfte bannen und umleiten. Sie sollten etwas, was nicht da war, heraufbeschwören. Der Künstler mag dadurch eine Art Priester gewesen sein.

Bilder sind Ausschnitte aus der Wirklichkeit. Sie sind die Manifestation von Beobachtungen und Wahrnehmungen. John Berger formuliert das so:

> „Ein Bild ist eine nachgeschaffene oder reproduzierte Ansicht, es ist eine Erscheinung oder ein Komplex von Erscheinungen, der von Ort und Zeit ihres ursprünglich gegenwärtigen Erscheinens abgelöst und – für Augenblicke oder Jahrhunderte – konserviert wurde. Jedes Bild verkörpert eine bestimmte Art des Sehens, selbst ein fotografisches Bild. Fotos sind eben nicht, wie häufig angenommen wird, lediglich mechanische Aufzeichnungen. Schauen wir uns ein Foto genau an, könnte uns bewusst werden, dass der Fotograf gerade diese Ansicht aus einer unendlich großen Anzahl von Möglichkeiten gewählt hat. Das gilt selbst für die meist spontan geknipsten Familienbilder. Die Sicht des Fotografen spiegelt sich unter anderem in der Wahl seines Motivs und Bildausschnitts, während sich die Sicht eines Malers in dem, was er malt oder zeichnet, dokumentiert."

John Berger: Sehen. Das Bild der Welt in der Bilderwelt. Reinbek 1974, S. 9f.

Bilder stehen selten allein, sondern in den meisten Fällen in einem Zusammenhang – einem räumlichen, zeitlichen, textlichen, konzeptuellen etc. Die allermeisten Bilder sind eigentlich Bild-Wort-Kopplungen. Gemälde haben Titel, Reportagefotos haben Bildunterschriften oder stehen in einem Textumfeld. Werbefotos sind in ein Layout mit Text und anderen grafischen Elementen eingebettet.

Im Umgang mit Bildern stößt die Semiotik auf mehrere Probleme. Es scheint erstens einen fundamentalen Unterschied zwischen den eingangs beschriebenen traditionellen Bildern und den reproduzierenden Bildern seit Erfindung der Fotografie zu geben. Das zumindest hatte Barthes betont, aber auch Theoretiker wie Walter Benjamin glaubten in der Reproduzierbarkeit der Bilder einen qualitativen Umschwung der Wahrnehmung und der Bildbedeutung ausmachen zu können.

Walter Benjamin: Das Kunstwerk im Zeitalter seiner technischen Reproduzierbarkeit. Frankfurt 1973

Das zweite Problem ist die Gleichzeitigkeit bzw. das mehrfache Vorhandensein von Zeichen in Bildern und die daraus resultierende Trennung von denotativen und konnotativen resp. mythischen Inhalten. Beide Probleme wollen wir uns anhand von klassischen und aktuellen Beispielen näher anschauen.

Das Problem, auf das Barthes zuerst stieß, als er die Grundlagen der Semiotik zu formulieren versuchte, war das der Konnotation bzw. des „Mythos", wie Barthes diese Bedeutungsverschiebung nannte. Der Mythos ist laut Barthes ein parasitäres Bedeutungssystem, das sich der Signifikate bemächtigt und zusätzliche Inhaltsebenen an diese vorhergehende Kopplung von Signifikat und Signifikant heftet. Dadurch kann der ursprüngliche „Sinn" verdeckt werden oder verloren gehen, die hauptsächliche Aufgabe des Mythos ist laut Barthes jedoch die Verschleierung von Geschichte als Natur. Nach dem Motto „es ist schon immer so gewesen" versucht der Mythos, **von Menschen gemachte Entscheidungen als natürliche Prozesse darzustellen**.

Mythos: Bedeutungsverschiebung; Bedeutungsebenen jenseits der Denotation

Paris Match, Ausgabe vom 25.06. 1955

Als Beispiel diente Barthes damals (1955) ein Titelbild der französischen Illustrierten Paris Match: Ein sehr junger Schwarzafrikaner salutiert in der Uniform der fran-

98

Das mythische System bedient sich des Zeichens, um dieses zum Signifikanten eines neuen Zeichens zu machen, dessen Signifikat mit ideologischen Fragmenten angereichert wird, durch die fotografische „Natürlichkeit" des Signifikanten jedoch so tut, als sei die fotografierte Aussage eine selbstverständliche, natürliche Geste.

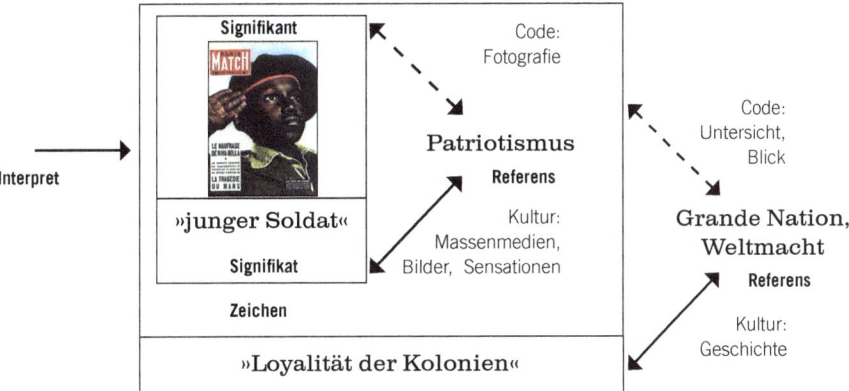

zösischen Armee. Das ist die denotative Ebene dieser Fotografie. Aber: Kann es eine rein denotative Fotografie geben, obgleich das fotografische Verfahren ein technisches, ein reproduzierendes ist? Das Portrait des jungen Soldaten wurde nach einem ikonografischen Standard gemacht, für den der tiefe Kamerastandpunkt ausschlaggebend ist. Der Betrachter blickt zu dem jungen Soldaten auf, der wiederum zu etwas anderem aufblickt, z. B. der französischen Fahne. Die Fotografie macht uns klein, um das Erhabene des Portraitierten zu transportieren. Ein Bildmuster, auf das man immer dann trifft, wenn ein Bild eine entpersönlichte Idee, eine Ideologie transportieren soll. Insofern ist dieses Bild ein Mythos, der aussagt:

„Sieh doch, wie die jungen Völker Afrikas als Kolonien loyal zum französischen Mutterland stehen." Diese Analyse war eine kritische Hinterfragung von Bildschemata und Topoi, aber sie lies die Frage nach der Codierung der Fotografie noch offen.

Das Muster für eine semiotische Bildinterpretation lieferte Barthes einige Jahre später, als er sich dem Thema Fotografie intensiv annahm. Auch wenn seine Analyse mit dem Titel *Rhetorik des Bildes* immer noch als Inspiration für heutige Analysen dienen kann, muss man doch, was den Status der Fotografie unter semiotischem Gesichtspunkt angeht, einige Fragezeichen anfügen.

Anzeige für Panzani-Produkte, Frankreich 1963

Barthes hatte sich eine zeitgenössische Anzeige für einen französischen Pastahersteller ausgesucht und nach allen Regeln der Kunst dekonstruiert. Nach der Analyse der sprachlichen Botschaften und des denotierten Bildes war er auf das Problem gestoßen, dass er in der Fotografie eine „Botschaft ohne Code" vorzufinden glaubte. War das überhaupt möglich? Barthes beschreibt das fotografische Bild als Botschaft ohne Code dahingehend, dass er für jede Form visueller Repräsentation einen Code annimmt, der die Transposition der Wahrnehmung in die bildliche Darstellung regelt. Jede Zeichnung hat somit einen Stil oder Idiolekt. Selbst naturalistische Zeichnungen mit dem Anspruch, naturgetreue Wiedergaben zu liefern (etwa von Tieren und Pflanzen) sind in einer bestimmten Weise codiert:

„In der Fotografie unterhalten die Signifikate und Signifikanten – zumindest auf der Ebene der buchstäblichen Botschaft – keine Beziehung der »Transformation«, sondern eine der »Aufzeichnung«, und das Fehlen eines Codes verstärkt natürlich den Mythos der fotografischen »Natürlichkeit«: Die Szene ist da, mechanisch eingefangen, aber nicht menschlich (das Mechanische ist hier ein Unterpfand für Objektivität); die Eingriffe des Menschen in die Fotografie (Bildeinstellung, Entfernung, Licht, Unschärfe, Verfließen usw.) gehören allesamt der Konnotationsebene an; es sieht ganz so aus, als gäbe es am Anfang (selbst utopisch) eine (frontale, scharfe) Rohfotografie, in der der Mensch dank gewisser Techniken Zeichen aus dem kulturellen Code einbrächte. (...) Die Fotografie bewirkt nicht mehr ein Bewusstsein des Daseins der Sache (das jede Kopie hervorrufen könnte), sondern ein Bewusstsein des Dagewesenseins. Dabei handelt es sich um eine neue Kategorie der Raum-Zeitlichkeit: örtlich unmittelbar und zeitlich vorhergehend; in der Fotografie ereignet sich eine unlogische Verquickung zwischen dem Hier und dem Früher. Vollständig begreifen lässt sich die reale Irrealität der Fotografie also auf der Ebene dieser denotierten Botschaft ohne Code (...)."

Barthes 1990, S. 39

Demnach würde sich die Werbefotografie schematisch so darstellen lassen:

Die Entscheidung für die Codierung der Werbebotschaft auf der Signifikantenseite ist zugunsten der Fotografie gefallen, die ihrerseits selbst keine Codierung (laut Barthes) hat. Die Verantwortlichen in der Werbeagentur

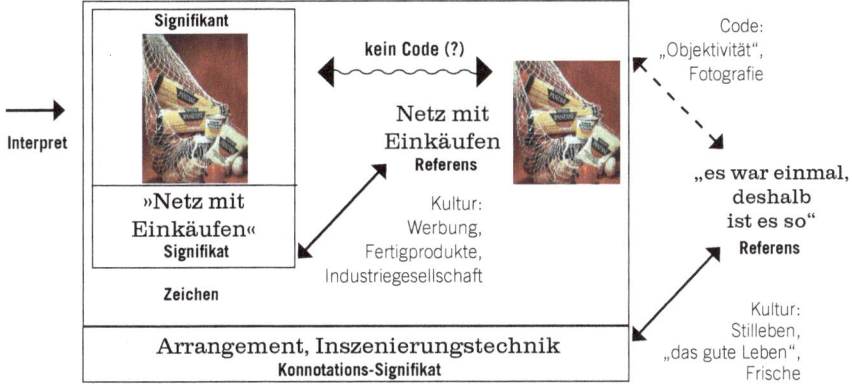

könnten sich auch für eine Illustration (Malerei, Zeichnung, Collage etc.) entscheiden, wählen aber die Fotografie, weil ihnen dieses Verfahren am besten geeignet erscheint, den Nettoeindruck von Glaubwürdigkeit und Vertrauen („es war einmal, deshalb ist es so") zu erzeugen. Die Konnotationsebenen der Inszenierung werden von kulturellen Codes gesteuert, die sich auf das Genre des Stillebens und die damit verbundenen Werte beziehen. Das „letzte", die Aussage steuernde Referens könnte also heißen: Panzani-Produkte sind genauso gut wie frische Zutaten.

Die erste Entscheidung, die für die Visualisierung einer Werbebotschaft zu fällen ist, heißt demnach: Welches Verfahren ist, abhängig vom Kern der Botschaft, am besten geeignet, Werte wie Authentizität („es war einmal, deshalb ist es so") oder aber Projektionsmöglichkeiten zu repräsentieren? Illustrationen (traditionell-handwerklich oder digital-virtuell) lassen mehr Spielraum, sind aber referentiell nicht so stark im Sinne des „Tatsächlichen" verankert. Für den „Beweis" von Erfolg, Schönheit, Wirkung wird daher fast immer die Fotografie herangezogen, während die „Möglichkeit" durch die Illustration besser repräsentiert wird.

So weit, so nachvollziehbar. Die Frage, die viele Semiotiker in der Nachfolge Barthes' beschäftigt, lautet: Ist die Fotografie wirklich eine Botschaft ohne Code? Sind die Signifikanten tatsächlich nur eine Aufzeichnung und keine Transformation?

Zu Beginn der Fotografie war die schwarz-weiße Umsetzung an der Tagesordnung; es gab zwar schon um 1880 erste Farbverfahren, doch diese waren Spezialanwendungen vorbehalten. Amateure und Bildreporter fotografierten bis in die 1950er Jahre in der Mehrzahl schwarzweiß (im professionellen Bereich waren die Reproduktionsverfahren erst ein Jahrhundert nach Etablierung der Fotografie, also um 1935 fähig, Farbfotos

verlässlich in Druckvorlagen umzuwandeln). Die Reduktion oder zumindest Umwandlung des farbigen Erfah-
rungs- und Wahrnehmungsraums soll dennoch keine
Codierung, wenn auch eine ganz einfache, sein? Barthes hatte schließlich argumentiert, dass auch eine weitgehend entpersonalisierte technische Zeichnung eine
Codierung sei, die bestimmte Aspekte der Wirklichkeit
weglasse, andere betone usw. Seit Beginn der Fotografie
hatten verschiedene Verfahren um die technische Vor-
herrschaft konkurriert. Jedes Verfahren war nicht nur
technisch definiert, sondern auf der Signifikantenseite
ästhetisch definiert (Auflösung, Schärfe, Größe der Ab-
züge etc.). Von dem Moment an, in dem die Farbfotografie für alle Amateure preisgünstig zur Verfügung stand
und die Printmedien Farbreproduktionen stimmig dru-
cken konnten, setzte im Bildjournalismus eine interes-
sante Gegenbewegung ein: Die Schwarzweiß-Fotografie
gewann erneut die Oberhand, weil eine bestimmte Ideologie Schwarzweiß für „objektiver", manchmal auch „künst-
lerischer" hielt als die Farbe. Das fotografische Verfahren
borgte seine Objektivität einer Reduktion der Wahrneh-
mungsmöglichkeiten – grobkörnige Schwarzweiß-Fotos
waren der Signifikant für unbestechliche Bildberichter-
stattung. Farbfotografie war nur für Natur- und Kulturre-
portagen (bspw. im Magazin National Geographic) oder
für die Boulevardpresse erlaubt. Kunstfotografie in Farbe
war bis 1970 nahezu undenkbar. Schwarzweiße Fotos gal-
ten als künstlerisch wertvoller, ehrlicher, direkter, objektiver als ihre vollfarbigen Pendants – angefangen bei Otto
Steinerts „subjektiver Fotografie" der 1950er Jahre über
Cartier-Bressons Humanismus bis zu den Industriere-
portagen oder der so genannten „Arbeiterfotografie" der
1970er Jahre. Schwarzweiß und Farbe waren jeweils zu
konnotativen, mythischen Bedeutungsebenen geworden.
    Barthes Argumentation ist nachzuvollziehen, wenn
er davon spricht, dass die Inszenierung einer Fotografie
nicht zur Codierung gehört, sondern in die konnotativen

Ebenen. Kulturelle Stereotypen, die den Bildaufbau, die Sujetwahl, das Genre bestimmen, kann man dort ansiedeln. Aber sind nicht die Auswahl des Aufnahmematerials, die Definition technischer Parameter hinsichtlich Schärfentiefe, Verschlusszeiten, Bildwinkel, die nachträgliche Bearbeitung des Materials (chemisch, physikalisch, optisch, digital) Maßnahmen, die zum Code gehören? Was ist mit technischen Verfahren wie der Radierung oder der Lithografie, die jenseits der körperlichen Spur des Zeichners und seiner individuellen Codierung des gezeichneten Weltausschnitts das Reproduktionsverfahren als wahrnehmbare Form transportieren? Neben der zu Grunde liegenden Zeichnung sagt uns die Radierung vermittels der Substanz ihrer Signifikanten, dass sie ein Reproduktionsverfahren ist und kein Unikat. Alle Transformationen, die nötig sind, eine Wahrnehmung in eine reproduktive Form zu bringen, einen Signifikanten herzustellen, sind codiert. Auch die Fotografie.

Wie, das klären wir im nächsten Kapitel anhand einer Polaroid-Fotografie.

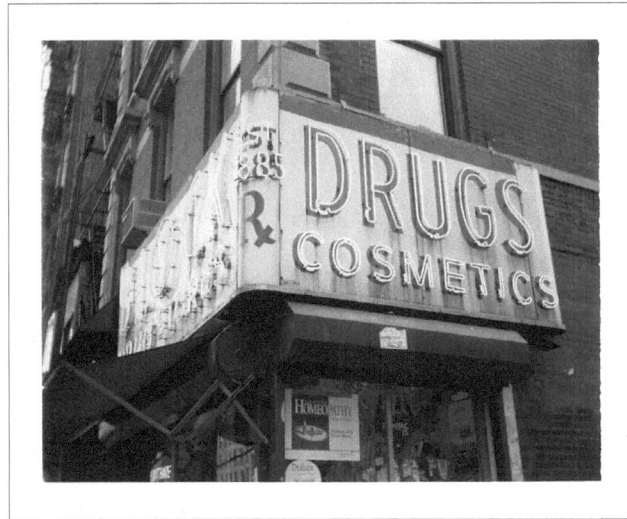

Markus Caspers,
Cornershop NYC,
1996

11.1
PROBE: DAS CODIERTE BILD

Diese Fotografie habe ich 1996 in New York City mit einer betagten Polaroidkamera aufgenommen. Der verwendete Film entsprach dem ursprünglichen Polaroid-Trennbildverfahren, bei dem man das Bild nach der Belichtung aus der Kamera zieht, 60 Sekunden wartet und dann das „Negativ" vom Positiv-Bildabzug trennt (und u. U. mit einem Lack versiegelt). Dieses Polaroid-Trennbild-

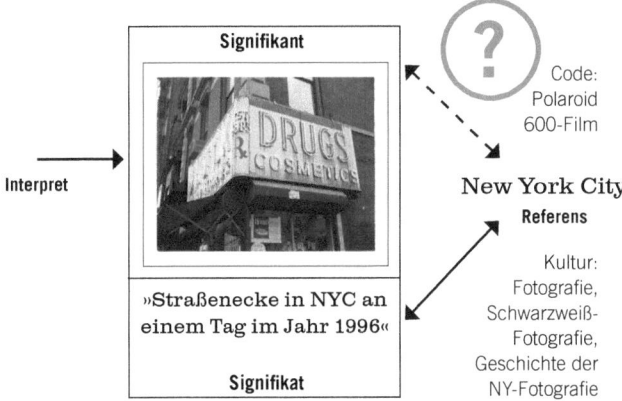

verfahren wurde seit Einführung des SX-70-Films 1973 fast nur noch von professionellen Fotografen verwendet, die zur Überprüfung ihres Aufnahmeaufbaus Testaufnahmen mit speziellen Polaroid-Rückteilen ihrer Fachkameras machten. Deshalb wurde die Produktion dieser „alten" Filme nicht eingestellt – vor der digitalen Fotografie gab es kein anderes Verfahren, den Bildaufbau und die Belichtung sofort zu kontrollieren.

Im Anschluss an die Überlegungen im vorigen Kapitel stellt sich nun die Frage, ob meine Entscheidung für das schwarzweiße Polaroid-Verfahren (es gab auch Farbfilme) und gegen sämtliche anderen damals zur Verfügung stehenden Kameratypen, Aufnahmeformate und Filmtypen nicht doch als Code zu verstehen ist? Denn sonst müsste die technische Seite der Fotografie, die untrennbar mit ihrem Stil verbunden ist, in die Konnotationssphäre gehören. Oder anders formuliert: Die kulturellen Codes würden dann sowohl den Bildaufbau, die Komposition, die Lichtsituation, die kulturellen Vorbilder etc. steuern als auch die technische Codierung der Fotografie; bzw. nach Barthes: ihre technische Nicht-Codierung, ihre Analogie.

Das gleiche Motiv, die gleiche Situation hätte ich auch mit einer anderen Kamera in Farbe aufnehmen können. Ich hätte vom Farbnegativ einen Schwarzweißabzug herstellen oder erst in der Reproduktion auf die Farbe verzichten können. Wenn ich in der Reproduktion des Polaroids auf der vorhergehenden Seite auf die weißen Ränder als Hinweis auf das Verfahren verzichtet hätte, hätten einige Leser das Verfahren wohl gar nicht erkannt. Aber: Ich habe das Verfahren und die dazu gehörige Kamera aus einem bestimmten Grund gewählt. Ich wollte mir den Effekt der punktuellen Schärfe und der fließenden Unschärfe, der umso deutlicher ausfällt, je größer das Aufnahmeformat ist, zu Nutze machen. Mit einer Kleinbildkamera, ob analog oder digital, wäre der Effekt nicht

entstanden. Es mag Betrachter (Interpreten) geben, denen diese Codierung vollkommen egal ist und die nur auf den Signfikanten schauen und als Signifikat eine Stadt erkennen, die dank der abgebildeten Neonbeschriftung mit hoher Wahrscheinlichkeit in den USA verortet wird.

Die konnotativen Elemente gehen jedoch viel weiter. Die dichte, von dunklen Tonwerten bestimmte Fotografie evoziert, auch dank der fehlenden Schärfentiefe, Aufnahmen aus einer vergangenen Zeit, Fotos von New York aus den 1930er Jahren. Die Suche nach der verlorenen Zeit spielt insbesondere in der Fotografie eine große Rolle, weil sie durch ihren Authentizitätscharakter besonders geeignet ist, Als-ob-Zustände herzustellen, Zeitreisen zu fingieren. Unsere Ausgangsfrage war: Sind diese technischen Mittel ein Code, der die Herstellung des Signifikanten steuert oder gehören sie zum kulturellen Hintergrund, der das Signifikat steuert?

Wenn jemand eine Zeichnung macht (laut Barthes immer codiert), überlegt er vorher, was er zeichnen möchte und wie er es zu tun gedenkt. Beim Zeichenprozess kann sich das eine oder andere ändern und ergeben, aber der/die Zeichner/in hat eine Vorstellung von der Form des Ergebnisses. Würde man diese Überlegung nicht auch einem ambitionierten Fotografen zugestehen? Und selbst die Fotos eines x-beliebigen Amateurs, der nur eine Kamera hat, nur ein Verfahren kennt und nahezu unreflektiert knipst – seine Aufnahmen sind dann eben sehr, sehr einfach codiert und das kann jeder sehen.

Gegenprobe: Was geschieht, wenn die Fülle der Verfahren (und damit die angenommene Codierung) verschwindet, weil eine neue Technik die alten Techniken obsolet gemacht hat? Wie soll man Softwares und Filter wie Hipstamatic einordnen, die digital erstellte Fotos so verfremden, dass sie aussehen wie analog mit einfachsten Kameras bzw. alten Polaroids aufgenommene und nachträglich digitalisierte Bilder? Ist der digitale Filter ein Hilfsmittel, um kulturell gesteuerte Konnotationen zu erzeugen oder ein Codierungstool?

Ein Foto ist immer ein Bild von Etwas und damit ein Zeichen. Das darf man bei der Analyse nie vergessen: Geht es um das Bild oder um den auf dem Bild festgehaltenen Zustand bzw. Moment? Ist die Fotografie das Zeichen oder nur der Ersatz-Signifikant für Etwas, an das wir in diesem Moment und in diesem Buch nicht heran können? In unserem Fall ging es um die Fotografie als Bildform, deren Sujet unter Umständen als Bedeutungsträger unwichtig wird, weil die Codes, die das Signifikat »Nostalgie« erzeugen, mehr Wert auf die Oberflächenstruktur, den „Look", den „Stil" legen als auf das Ur-Referens, den Cornershop. Die Posterabteilungen in Einrichtungshäusern sind voll mit Bildmotiven, die zwar eine Lokalisation vorgeben, z. B. Telefonzellen in London, Wolkenkratzer in New York, Brücken in Paris, aber die Bilder referieren viel mehr auf ein Bildgefühl, eine „piktoriale Emotion", die häufig durch technische Effekte wie Entsättigung von Farben oder das Herausheben von einzelnen Bildkomponenten (eine Telefonzelle ist rot, während der Rest des Bildes Schwarzweiß bleibt) oder Lichtstimmungen (Skyline in der Dämmerung, unzählige Lichter) evoziert wird. Man kann das auch Kitsch nennen, aber was uns hier interes-

siert, ist der formale Aufbau bzw. das Verhältnis zwischen
Code und Referens.

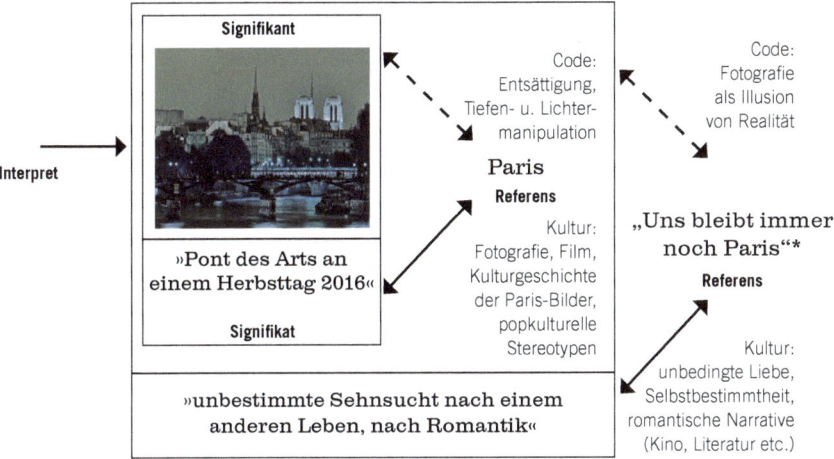

Der Code erlaubt uns, abhängig von der zur fragli-
chen Zeit zur Verfügung stehenden Fototechnik, eine
Zuordnung der Fotografie in die Zeit. Es gibt eben keine
„Ur-Fotografie" oder neutrale Fotografie, sondern jedes
Verfahren, ob Daguerre, Fox Talbot, Glasplatte, Sofort-
bild, Rollfilm, Kleinbild, Smartphone, hat spezifische
Wiedergabeparameter und Filter, die das Bild codieren –
ob die FotografInnen das intendierten oder nicht, indem
sie ein Verfahren bewusst wählten oder eben nicht. Ein
bei Entstehen dieses Buchs gerade erschienenes Smartphone hat eine Bildbearbeitungssoftware vorinstalliert,
die (Selbst-)Portraits hyperästhetisiert bzw. schönt; die
Aussicht auf ein nicht-codiertes Bild ist damit passé.

*Ein ironischer Verweis
auf die letzte Szene des
Films *Casablanca* und
ungezählte Adaptionen
dieses Satzes in Romantic
Comedies der 90er Jahre

12.
VOM BILD ZUM OBJEKT

Markus Kreiss:
La Course
Auto(im)mobile, 2002
('69 Dodge Dart);
fotografiert 2010 vor
dem Institut Français
Köln

Das obige Foto ist ein Ersatz-Signifikant, da ich meine LeserInnen nicht zum Standort des zu untersuchenden Objekts führen kann. Die Analyse ist demzufolge eingeschränkt, denn wir können das Objekt nicht aus allen Winkeln begutachten, betasten, seine Position im Raum erfassen; wir haben nur einen fotografischen Ausschnitt.

Es handelt sich bei diesem Objekt um ein amerikanisches Automobil. Seine Aufmachung, die zweifarbige Lackierung und die vielen Aufkleber lassen schließen, dass dieses Automobil kein Alltagswagen ist, mit dem der Besitzer zur Arbeit und zum Einkaufen fährt, sondern ein Fahrzeug für den Motorsport. Die großen und kleinen Sticker legen das nahe. Selbst wer kein Motorsport-Enthusiast ist, weiß, dass Rennwagen mit Aufklebern und Speziallackierung in den Farben des Sponsors versehen sind – das ist sozusagen der visuelle Code von sportlichen Wettbewerben aller Art. Die Aufkleber von Rennwagen tragen meist die Namen und Logos von Unternehmen und Produkten, die im Motorsport verwendet werden: Benzin, Schmiermittel, Stoßdämpfer, Reifen, Luftfilter etc. Diese Namen, zumal aus dem amerikanischen Motorsport, kennen nur die Afficionados. Insofern kommt dieser Wagen erst einmal wie ein Stock Car Racer daher, dessen Hauptsponsor die Firma oder Marke /Fermaient/ zu sein scheint. Was ist mit der Startnummer? 51? Bei näherem Hinsehen stellt sich die Ziffer als Buchstabenkombination heraus: /SI/. Ein weiterer Sticker scheint von einer amerikanischen Benzinmarke zu stammen. Die Marke heißt 76 und hat folgendes Logo:

Aufkleber der Marke „76"

Aufkleber „JE"

Je näher man das Objekt untersucht, umso mehr kommt man zu dem Schluss, dass die Aufkleber allesamt nicht „echt", sondern nachgemacht sind; sie verfügen über gewisse ästhetische Marker, die sie authentisch aussehen lassen, aber allen ist gemein, dass sie aus französischen Lexemen bestehen. Geht man um den Wagen herum, bemerkt man, dass die Lexeme zu Sätzen kombiniert werden können. Diese Sätze bilden einen Text:

Longtemps, je me suis couché de bonne heure. Parfois, à peine ma bougie éteinte, mes yeux se fermaient si vite que je n'avais pas le temps de me dire: „Je m'endors". (deutsch: Lange Zeit bin ich früh schlafen gegangen. Manchmal, die Kerze war kaum gelöscht, fielen mir die Augen so rasch zu, daß keine Zeit blieb, mir zu sagen: Ich schlafe ein.)

Das sind die ersten Sätze aus dem Romanwerk *Auf der Suche nach der verlorenen Zeit* von Marcel Proust (geschrieben zwischen 1908 und 1922). Ein Rennwagen ist zum Rennen gemacht, nicht zum Schlafen oder Stehen – der zitierte Satz konterkariert die Funktion des Objekts; aber der Satz beschreibt auch das Verhältnis von Zeit und Erinnerung. Der Wagen steht als ein Signifikant für die vergangene Zeit, möglicherweise für die verlorene Zeit, die durch seinen Anblick, sein Betasten wieder lebendig wird, so wie bei Proust eine Madeleine zum Tee die Erinnerung wieder freisetzte.

Nun ist das Resultat »Kunstobjekt« kein gesichertes Ergebnis – wie sich an vielen Einschätzungen zeitgenössischer Kunst ablesen lässt. Der Interpret, der sich weder mit der Kontextverschiebung auseinandersetzt, sie nicht bemerkt, nicht über die kulturellen Formanten verfügt, wird möglicherweise denken, der Wagen sei vom Abschleppdienst noch nicht abgeholt und nach einer Panne auf dem Rasen vorübergehend abgestellt worden. Als Kunstobjekt reiht sich der Wagen in eine unendliche Sammlung ganz disparater Objekte ein, die ebenfalls als Kunst identifiziert werden, ohne Autos zu sein. Viele Werke der zeitgenössischen und der modernen Kunst seit 1910 arbeiten mit den Mitteln der Kontextverschiebung, um aus Alltagsobjekten Objekte einer veränderten Wahrnehmung zu machen, deren Referenten nicht die Dinge an sich, sondern das Nachdenken über die Dinge sein sollen. Diese relativ lockere Codierung, die nicht mehr mit den klassischen Mitteln der bildnerischen Repräsentation arbeitet, riskiert genau deswegen das Unverständnis der BetrachterInnen und setzt ein Interesse am und die genaue Analyse durch die Interpreten voraus.

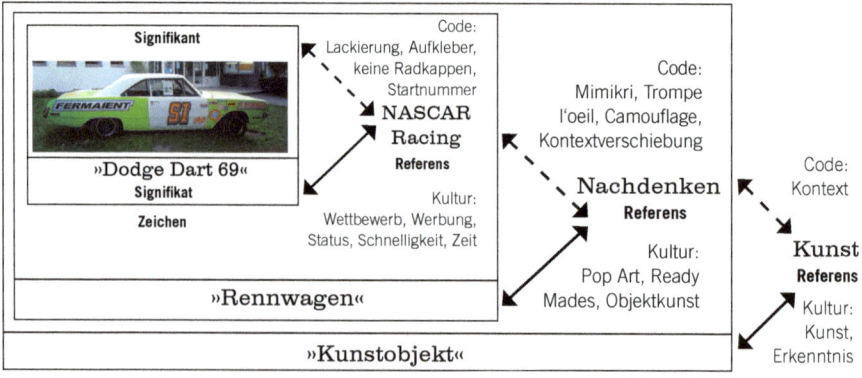

12.1
PROBE: PRODUKTDESIGNS

Wir werden nun einen Ausflug in die Designtheorie und -geschichte machen und sehen, wie sich das Produktdesign, teilweise ohne sich dessen bewusst zu sein, von einer ästhetischen zu einer semiotischen Disziplin entwickelt hat. Die grundsätzliche Frage an designte Objekte lautet: Was sagst du mir, wie ich mit dir umgehen soll? Das ist die implizite Bedeutung des Designs, die sich an den Benutzer hinsichtlich Funktion und Gebrauchswert richtet. Die zweite Frage, die sich mit dem Anblick und der ästhetischen Erfahrung des Objekts ergibt, lautet: Wer außer mir würde dieses Objekt noch benutzen, in welche soziale Gruppe ordne ich mich mit dem Gebrauch dieses Objekts ein? Das ist die sozio-semantische Funktion des Designs, die innerhalb des Designprozesses durch Beachtung eines Corporate Designs oder eines Brand Designs zu beantworten versucht wird. Markenbildung findet über ästhetische Marker im Hinblick auf diese soziale Positionsbestimmung statt. Und es gibt eine dritte ästhetische Komponente, das ist eine außerhalb des Objekts liegende Objekt- oder Produktkultur, die einen bestimmten Kanon von Objekten zu einem „Stil" bzw. Lifestyle zusammenfasst. Das Design kann versuchen, sich einem existierenden Stil anzupassen und die Formgebung in einer „Sprache" zu verfassen, die bspw. in eine Retro- oder Technokultur passen würde. Es kann genauso gut passieren, dass Objekte aus Gründen, die jenseits einer intendierten Formaussage liegen, als Bestandteil eines Lifestyle-Sets ausgewählt werden. Und als wäre das nicht schon unübersichtlich genug, ändern sich die sozialen Zuschreibungen und die intendierten Aussagen mit den Jahren und werden teilweise in ihr Gegenteil verkehrt.

Wie in Kapitel 6.1 „Denotation und Funktionalismus" dargelegt, gibt es weder eine Form ohne Inhalt, noch gibt es die reine funktionale Form ohne Stil, also ohne gesellschaftliche Bedeutungszuschreibung. Die alte Designtheorie mit ihrer Dichotomie von Form und Funktion behauptete, die Form müsse von der Funktion ableitbar sein, nur dann handele es sich um wahres Design oder gute Formgebung. Die designtheoretische Debatte wurde bis in die 1970er Jahre hinein von diesem Antagonismus geleitet, der sich nicht nur formalästhetisch, sondern auch moralisch im Recht sah, da nur das funktionale Objekt ein legitimes Objekt sei. Funktion wurde allerdings als utilitaristisch in einem nahezu archaischen Sinn gesehen: alle Objekte waren Werkzeuge, deren Werkzeugcharakter im Vordergrund stehen sollte. Für diese Designauffassung standen die Arts and Crafts-Bewegung des späten neunzehnten Jahrhunderts, danach das Bauhaus, und wiederum in dessen Traditionslinie stehend, die Hochschule für Gestaltung in Ulm während der 1950er und 1960er Jahre.

Welche Funktionen hat ein Radio? Es soll Programme von verschiedenen Sendestationen empfangen können und diese über einen Lautsprecher wiedergeben. Das kann stationär geschehen (der Apparat steht mehr oder weniger immobil zu Hause) oder ich möchte das Gerät mit mir führen und unabhängig vom Stromnetz Musik und Information unterwegs empfangen. Damit kommt sofort der soziale Aspekt des Objekts ins Spiel: „Das Radio" ist nur ein Mittler für die Tätigkeit und die Lebenspraxis des Hörens und Genießens, alleine oder in einer Gruppe. Ob beim Picknick auf der Wiese, mit Freunden am Strand, während der Fahrt oder im Zelt – „Radio hören" ist die Denotation für das Gerät.

Für die Bedienung von Objekten, die nicht monofunktional als archaisches, Körperkraft beanspruchendes Werkzeug dienen, sondern einen maschinellen Charakter haben, hat man im 19ten Jahrhundert eine Reihe von Bedienelementen erfunden: Skalen, Drehregler, Schalter.

Diese Elemente informieren über den Betriebszustand
(An-Aus), erlauben die Manipulation der Lautstärke, die
Wahl des Senders etc. Im Falle des Radios haben sich
sehr schnell Drehregler in Knopfform etabliert, oft ergänzt durch Rändelräder zur Feinjustierung und Kipp-
schalter oder später Tasten. Diese Elemente sind die
ursprünglichen, funktionalen Elemente, die sich, wie wir
sehen werden, kaum gewandelt haben – selbst in digitaler
Form kehren sie als Skeuomorphismen wieder.

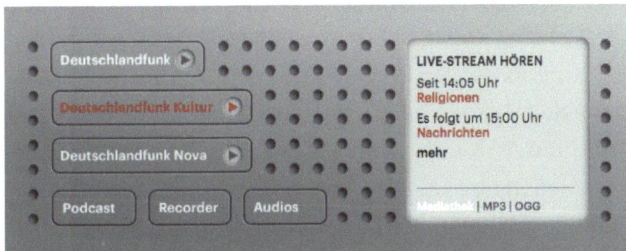

Skeumorphismus:
Vortäuschung
eines haptischen
Eindrucks mittels
digitaler Gestaltung.
Die Oberfläche eines
Geräts im Stil des
„good design" dient
als Vorlage für die
Benutzeroberfläche
des Livestream-Panels
(Online-Auftritt von
Deutschlandradio
2018; srv.
deutschlandradio.de)

Diese Bedienelemente werden in eine größere Gesamt-
form integriert, das Gehäuse, die große Form des Objekts.
Das Industrial Design beginnt Ende der 1920er Jahre mit
der Komplettumformung von Geräten dank des neuen
Werkstoffs Bakelite, einem der ersten thermoplastischen
Kunststoffe. Nun folgt die große Frage für Funktionalis-
ten: Welche zwingende, aus der Funktion hervorgehen-
de Form muss ein tragbares Radio haben? Sollte es gut
in der Hand liegen? Sollten die Skalen und Bedienelemente im Vordergrund stehen? Sollten die Proportionen
den Resonanzraum des Lautsprechers verstärken? Ein
Radio hat (abhängig von der Zeit aus der es kommt) nahezu keine mechanischen Elemente, die mir irgendwie
vorschreiben könnten, wie die Form auszusehen hat, die
sich aus der Funktion ergibt. Aus der Röhre wurde der
Transistor, aus diesem der elektronische Schaltkreis;
aus großen gedruckten Skalen wurden beleuchtete kleine und schließlich selbstleuchtende digitale Displays;
das alles bei enormer Miniaturisierung. Die Technik
für ein Radio passt heute auf eine Briefmarke, der Laut-

sprecher wäre wenig größer. Welche Form sollte mir da zwingend erscheinen, die nicht eine soziale Form, eine Lebensstil-Form wäre? Warum sollte ein grauer Kasten „besseres" Design sein als irgendein anders geformter, phantasievoll bunter Körper?

In den 1970er Jahren begannen Designtheoretiker, die Produktform endlich auch als Kommunikation zu verstehen, die über das Funktionale hinaus vor allem etwas über die soziale Einbettung des Objekts in die Welt seiner Benutzer aussagt. Einer dieser Ansätze wurde an der HfG Offenbach von Jochen Gros und Bernhard Bürdek unter dem Label *Theorie der Produktsprache* erarbeitet. Gros und Bürdek unterscheiden zwischen praktischen Funktionen (der „Nutzen" eines Produkts), formalästhetischen Funktionen (designerische Formentscheidungen), Anzeichenfunktionen (Regler, Knöpfe, Skalen etc.) und Symbolfunktionen (also alles, was der soziale Gebrauch und der soziale Kontext aus dem Objekt machen). Dieses Modell war – ganz in die Zeit passend – als Aufklärungsinstrument für Konsumenten gedacht und als Anleitung für kritische Designer. Den Symbolfunktionen begegnete man mit Misstrauen, denn sie waren vor allem dazu da, etwas zur Erscheinung zu bringen, was durch das „Sein" nicht gegeben war.

Drei Radios: v.l. n.r.: Philips LX 422 von 1952; Braun T22 von 1962; Panasonic Panapet von 1970

Schauen wir uns tragbare Radiogeräte aus den Jahren
1952, 1962, 1972 an. Das Philips-Gerät von 1952 trägt formalästhetisch noch die Spuren des Art Déco: Symmetrie
bestimmt die Großform, horizontale Linien um den Lautsprecher lockern die an sich klobige Gehäuseform auf,
einen Quader, der sich noch oben verjüngt und in eine
gefälligere, abgerundete Form transformiert wurde. Mittig sitzt das Hersteller-Logo, symmetrisch horizontal dazu
sind jeweils zwei Bedienknöpfe angebracht. Das Material ist der erste thermoplastische Kunststoff Bakelit, den
es lange nur in der rotbraunen Ausführung gab, was allen Bakelit-Gehäusen etwas Schwerfälliges und Biederes
gibt. Aus dem Hauptkörper ragt mittig ein schmalerer
Steg heraus, der zum Tragegriff ausformuliert wurde und
optisch an die Begrenzungen der Senderskala anschließt.
Die vier Bedienelemente sind identische Drehknöpfe für
Betrieb, Lautstärke, Klang und Senderwahl.

Das Braun-Gerät von 1962 setzt auf den unverstell-
ten Quader mit abgerundeten Kanten. Diese Kantenaus-
führung war ein Markenzeichen des Braun-Designs; bis
heute versuchen Nachahmer, den „Look & Feel" von re-
duzierter Formensprache im Stil der 1960er Jahre über
abgerundete Kanten zu evozieren (s. Skeuomorphis-
mus-Beispiel auf S. 115). Die Gehäusefarbe ist Ecru, ein
abgetöntes Weiß. Die einzigen farblichen Kontraste sind
das zierliche blaue (manchmal auch rotorange) Rändel-
rad für die Senderwahl und der umlaufende hellbraune
Lederriemen als Tragegriff. Die Front ist dreispaltig gegliedert, geradezu typografisch in Spalten und Zeilen, Der
Raum für die „Headline" ist das durchgehende Skalenfes-
ter für die Stationswahl. Die Grundsätze der Schweizer
Typografie haben sich in der Produktgestaltung nieder-
geschlagen, die hier als Oberfläche, und nicht als Gesamt-
form prägnant wird. Form follows function?

Das japanische Gerät von 1970 sieht die Dinge anders
und neu: Die Grundform ist eine Kugel; alle weiteren Bedienelemente, Skalen, und Öffnungen der Form sind

kreisförmig bzw. Kugelausschnitte. Der verwendet Werkstoff für das Gehäuse ist wie bei Braun ein ABS-Kunststoff, aber in Signalrot (lieferbar waren die Farben Rot, Blau, Grün, Gelb, Weiß). Statt des Handgriffs, Henkels o.ä. gibt es eine Kette aus Metallgliedern, die eher dazu dient, das Radio in der Wohnung aufzuhängen, als es an der Hand spazieren zu führen. Je nachdem wie man es dreht, entsteht ein Gesicht mit den beiden silbernen Drehreglern als Augen und der mittleren Fuge als Mund – ein Pet eben, ein Haustier.

Man könnte einwenden, dass die Designer alle rechten Winkel und geraden Flächen durch eine einzige Fläche, die Kugel ersetzt haben und sich paradigmatisch nur ein Element geändert hat, inhaltlich aber nichts: es bleibt ein Radio. Man könnte auch argumentieren, das hier eine metasprachliche Erweiterung vorliegt (dazu mehr im nächsten Kapitel), also eine Veränderung der Signifikantenseite ohne Auswirkungen auf das Signifikat »Radio«.

Aber das Design des Panapet legt den Finger in die Wunde des Funktionalismus, es zeigt, dass ein elektrisches/elektronisches Gerät keine verbindliche Form haben kann, sondern die Form ein Ergebnis des sozialen Gebrauchs des Objekts ist. Das Panapet will nicht seriös, nicht funktional, nicht unauffällig sein; es will auffallen, es will haptische Aufmerksamkeit, es will spielen. Es will seinen Benutzern sagen, dass die Kugelform den Space Age-Stil der damaligen Zeit widerspiegelt und damit einen Kontrast setzt zum farblosen, rechtwinkligen, schnörkellosen Gerät genauso wie zum formal überholten, klobigen und dunklen Objekt aus der Nachkriegszeit. Die reine Lehre des funktionalen Design hatte argumentiert, dass die Form sofort und eindeutig über die Funktion eines Objekts Aufschluss geben müsse; diese Form war aber künstlich aufgeladen, rationalisiert und funktionalisiert worden durch die Reduktion auf rechte Winkel und ornamentlose Flächen. An diesem Beispiel aber sehen wir, dass spätestens mit der Miniaturisierung,

Elektrifizierung und Elektronik technische Bauteile unsichtbar werden, und sich die Funktion immer mehr in Richtung Gebrauch, öffentliche bzw. soziale Funktion verlagert, ähnlich dem Wittgenstein'schen Diktum, die Bedeutung eines Wortes sei sein Gebrauch in der Sprache.

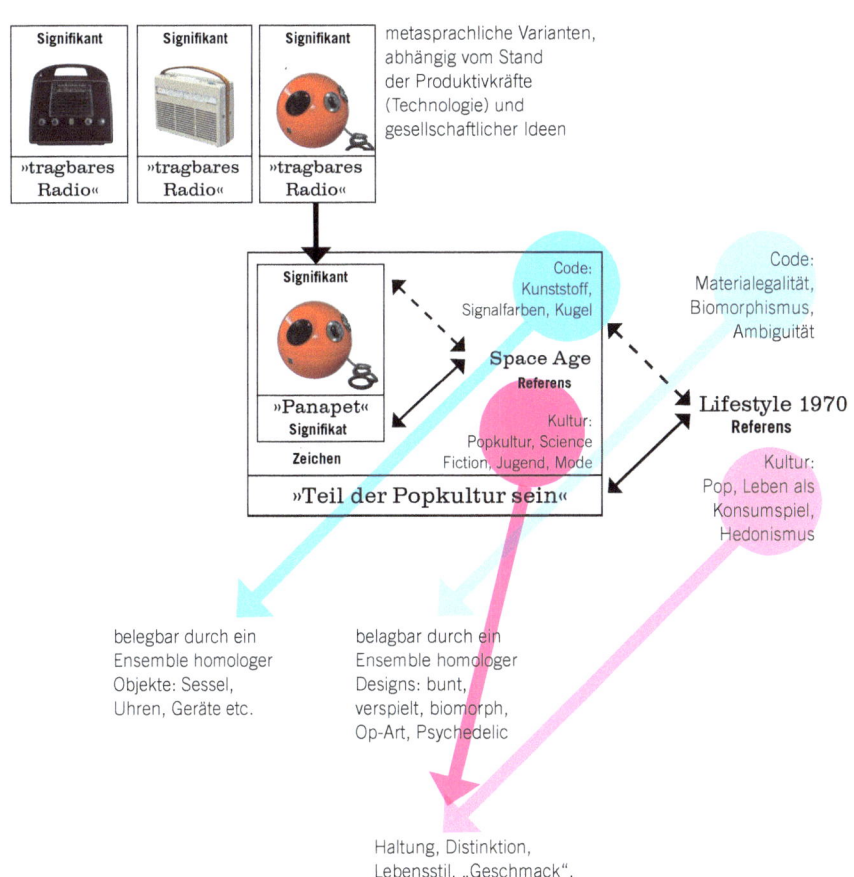

13.
METASPRACHE UND KONNOTATION

Bis jetzt sind wir bei den Beispielen für eine inhaltliche Erweiterung des Zeichens davon ausgegangen, dass die Erweiterung auf der Signifikat-Seite geschieht: An ein vorhandenes Zeichen aus Signifikant und Signifikat hängt sich ein weiteres Signifikat an, daran ein weiteres etc. Das hatte Barthes ursprünglich als „Mythos" bezeichnet, die Semiotik nennt es fachsprachlich Konnotationsebenen.

Ist es auch möglich, die Signifikantenseite zu erweitern, also einem bestehenden Signifikat weitere Signifikanten zuzuordnen? Selbstverständlich: das nennt man in semiotischer Terminologie metasprachliche Erweiterung. **Metasprachlich heißt, dass ich mit und in einer Sprache (Langue) über eine Sprache spreche**. Wir können das als den Prozess definieren, der aus einem Grund-Signifikant über kurz oder lang ein sehr elaboriertes Signfikantensystem macht: So wird aus der /Hose/ eine Vielzahl von Beinkleidern, so wird aus /Jeans/ ein ganzes System von Jeansmode, so wird aus /Druckletter/ eine rie-

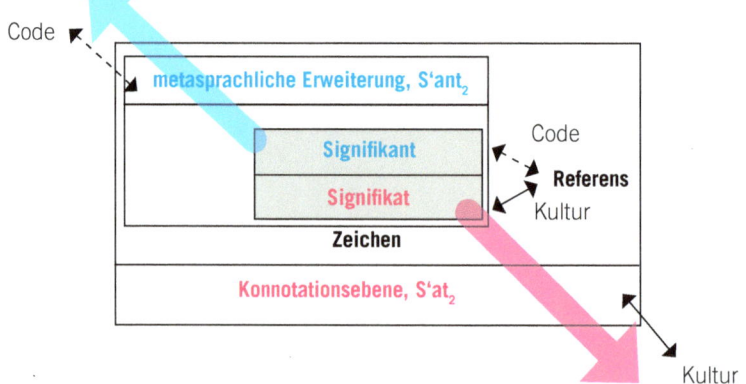

Sinnsysteme können sich sowohl metasprachlich als auch konnotativ weiterentwickeln; der Code steuert die metasprachliche, die Kultur die konnotative (mythische) Erweiterung

sige Anzahl verschiedener Schriftschnitte, so wird aus der Anordnung von Schriftzeichen, grafischen Elementen und Fotos ein grafisches System, das als /Schweizer Typografik/ oder als /Editorial Design/ fungiert und nur ein Signifikat zu haben scheint.

Die gestalterischen Branchen bzw. Spezialgebiete, von der Architektur über das Produktdesign zu Informations- und Webdesign sind metasprachliche Erweiterungen des Grundsignifikats »Gestaltung, Design«. Es ist möglich und wahrscheinlich, dass diese Erweiterungen in dem Moment, wo sie geschehen, gleichzeitig von einer erneuten Erweiterung „überfallen" werden, die diesmal auf der Konnotationsebene stattfindet: Jede metasprachliche Erweiterung zieht eine konnotative Erweiterung nach sich, da die Form der Dinge, die Signifikantenseite, immer und sofort auch die Form des gesellschaftlichen Gebrauchs davon ist. Insofern wird die metasprachliche Erweiterung von Schriftgestaltung zur Schweizer Typografik kurz darauf zur Konnotation für ein »vernünftiges Leben im Sinne einer progressiven Moderne«.

Siehe dazu auch Kapitel 6

Die Frage heißt nun, wer steuert sowohl die metasprachlichen Erweiterungen als auch die Konnotationen? Könnte es sein, dass die konnotativen Signifikate ebenso kulturelle Einheiten sind wie die „klassischen", primären Signifikate? Und dass die metasprachlichen Erweiterungen „reiner" Code sind, Paradigmata, die durch formale Operationen zu neuen Syntagmata kombiniert werden? Gleichzeitig arbeitet „zwei Etagen tiefer" die Signifikatebene, angereichert um konnotative Elemente und steuert indirekt die Auswahl der Signifikanten?

Wir sehen, dass sich das Kernzeichen aus S'ant und S'at ganz schnell erweitert, und zwar sowohl auf der Signfikanten- wie auf der Signifikat-Seite. Metasprache und Konnotation sind quasi-natürliche Erweiterungen, die offenbar zu wuchern beginnen, sobald das Zeichen seine

121

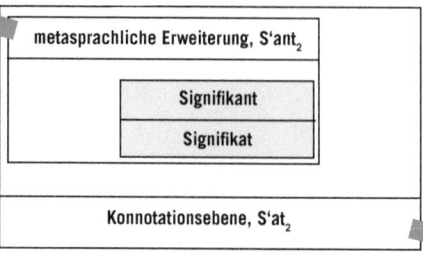

Langue
Code

metasprachliche Erweiterung, S'ant₂

Signifikant

Signifikat

Konnotationsebene, S'at₂

Kultur
Parole

Während die metasprachlichen Erweiterung eher von der Langue
beeinflusst sind, baut die Konnotation auf die Erweiterung der Parole

gesellschaftlich-kommunikative Existenz beginnt. Hier
eine Trennung vorzunehmen, wie das manche Semiotiker
wollten, um die so genannten innersemiotischen Tatbestände von außersemiotischen zu scheiden, scheint kaum
möglich. Aus diesem Grund steht dieses Kapitel auch so
weit hinten im Buch, denn eigentlich gehört die metasprachliche Erweiterung in die gleiche Kategorie wie die
Konnotationssprachen bzw. der Mythos (Kapitel 6). Die
paradigmatische (assoziative) Erweiterung der Signfi-
kantenseite als gesellschaftliche, kulturelle Praxis sorgt
demnach für die Erweiterung der Langue, während die
konnotative Erweiterung der Signifikate auf die Veränderung und Erweiterung der Parole zielt – eine fortwäh-
rende Bedeutungsverschiebung durch gesellschaftliche
Praxis und Kommunikation.

DesignerInnen sind also einerseits Signifikantenver-
änderer, wenn und solange sie die Form eines Objekts
entwerfen und verändern. Gleichzeitig sind sie Sinnstif-
terInnen, wenn sie sich über die Kombination aus Form
und Inhalt Gedanken machen, ohne dass sie den Sinn je
vollständig determinieren könnten. Viele Objekte haben
im Laufe ihres Gebrauchs bzw. ihrer Geschichte Bedeutungen und Sinngehalte angehäuft, die nicht vorherseh-
bar waren oder den ursprünglichen Bedeutungsgehalt
überschritten haben. Das älteste Kofferradio aus dem

Kapitel 12.1 trug neben seinem denotativen Aspekt (ein tragbares Radio zu sein) die konnotativen Aspekte „Innovation", „Mobilität", „Unabhängigkeit", die 1955 die denotativen Aspekte in der Wahrnehmung weit übertroffen haben dürften. Mit der Etablierung der Kategorie „tragbares Radio" mögen für eine Weile die metasprachlichen Erweiterungen wichtiger als die konnotativen Zuschreibungen gewesen sein: die Radios wurden kleiner, verbrauchten weniger Energie, variierten verschiedene Quaderformen, verschiedene Oberflächen und Texturen. Doch sehr schnell suchen Designer einerseits nach neuen Lösungen für bestimmte Nutzergruppen und parallel suchen sich Nutzer Designs, die ihren Vorstellungen und Lebensstilen entsprechen. Diese Ideen, Motive und Vorstellungen, die mit Formen verbunden werden, werden zu konnotativen Bedeutungen, die im Alltag die denotativen Merkmale bei weitem überschreiten – erst recht in Gesellschaften, die keinen Mangel leiden und es nicht mehr darum geht, überhaupt Radio zu hören, sondern das Radiohören an eine bestimmte Objektform zu knüpfen.

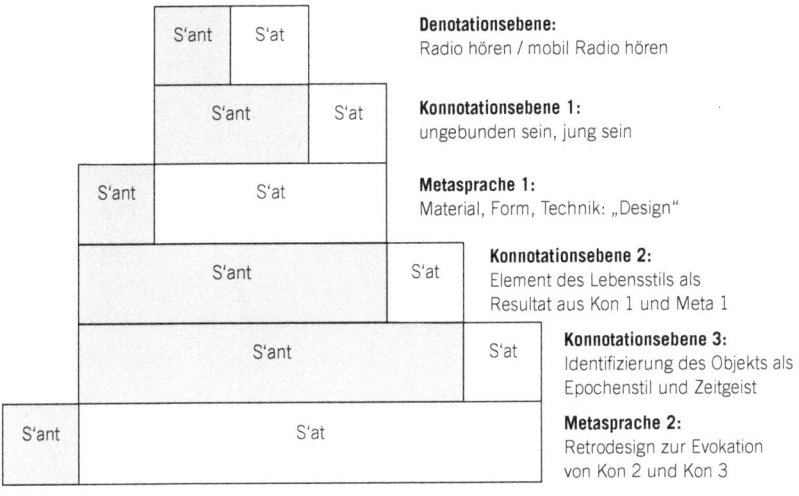

usw. usw.

13.1
DIE MARKE ALS SEMIOTISCHES KONSTRUKT

Was sind Marken? Sie sind nicht unbedingt identisch mit dem Unternehmen, den Produkten oder Dienstleistungen, die unter dieser Marke vertrieben werden oder agieren. Marken haben heraldische Funktionen, das heißt, sie dienten zur Kennzeichnung ursprünglich anonymer Güter, die in der Epoche der beginnenden Industrialisierung nicht mehr unterscheidbar waren und daher einer besonderen Kennzeichnung bedurften. Diese Kennzeichnungen – oft in Form von Tieren, allegorischen Personen oder Phantasiekonstrukten sollten von Anfang an dem Käufer Orientierung geben, Sicherheit vermitteln, ein Qualitätsversprechen abgeben. Diese historische Markenkonstruktion hat sich heute verselbständigt. Es gibt Marken, die Milliarden Dollar wert sind und deren Wert nicht zwangsläufig durch Unternehmenswerte, Waren oder Erzeugnisse gedeckt ist; diese Marken werden gehandelt wie andere Erzeugnisse auch, ohne selbst eine reale Entsprechung zu haben.

Wir haben in Kapitel 3 davon gesprochen, dass es sich bei Signifikaten nicht nur um real vorhandene oder objektiv nachprüfbare Objekte handeln muss, sondern dass ein Signifikat auch ein Mentefakt sein kann, eine rein gedankliche Konstruktion. Mit Marken ist es so ähnlich. Sneaker sind auf der physischen, weltlichen Ebene Schuhe, die in den meisten Fällen irgendwo in Asien von unterbezahlten Arbeitskräften unter fragwürdigen Bedingungen hergestellt werden. Warum sollte bei uns jemand bereit sein, für ein paar zusammengeleimte Kunststoff- und Textilteile 150 Euro auszugeben, wenn es einen ähnlichen Schuh schon für 30 Euro gibt und die Wertschöpfungskette auch bei diesem Produkt funktioniert (falls man bei der Ausbeutung von menschlichen und anderen Ressourcen von „funktionieren" sprechen kann)? Weil neben dem eigentlichen Design der Schuhe, das möglicherweise von hoher Attraktivität ist, das Markenkonstrukt rund um den Schuh „Mehrwert generiert", wie das im Marketing heißt. Ein solides Produkt herzustellen und für einen marktfähigen Preis zu verkaufen, ist das eine; das gleiche Produkt für den doppelten oder fünffachen Preis zu verkaufen, ist Markentechnik. Mentefakte ohne jegliche Verbindung zur Welt funktionieren nicht, daher brauchen auch Marken „Bodenhaftung". Sie müssen immer wieder aktualisiert, angereichert werden, um wahrnehmbar und interessant zu bleiben. Markenwahrnehmung hat sich seit ein paar Jahren sehr stark in die digitale Welt bzw. zur Transformation inszenierter Vorgänge in soziale Netzwerke verschoben. Stars, Influencer, die ganze Popkultur mit ihrer unablässigen Aufmerksamkeitsmaschine sorgen dafür, dass Marken wahrgenommen werden – man könnte aber auch sagen, die Konzerne hinter den Marken veranstalten den ganzen Rummel nur, um eine Bühne für ihre Marken zu haben.

Die Marke ist ein Mythos im Sinne von Roland Barthes. Im Laufe der Jahre werden verschiedene Inhalte an die Signifikantenseite der Marke geheftet, die als Konnotationsbedeutungen fungieren. Erfolgreiche Markenführung ist ein Spiel mit Denotation und Konnotation: Erwünschte soziale Zuschreibungen (Konnotationen) sollen möglichst zu Denotaten werden, um dem Mentefakt »Marke« Authentizität zu verleihen.

Jeans waren ursprünglich Arbeitshosen. Sozialer und kultureller Wandel machte die Jeans in den 1950er Jahren zu einem Kleidungsstück urbaner Jugendlicher, die damit eine Unangepasstheit zum etablierten Kleidungskodex demonstrierten. Das ist heute nahezu vergessen. Die Zuschreibung „Unangepasstheit" ist im Laufe der Jahre von einem negativen zu einem positiven Wert geworden, je weiter sich die Industriegesellschaften an popkulturellen Lebensstilen orientierten. Nachdem der Jeans eine vollkommene Durchdringung der Kleidungscodizes gelungen ist (selbst Abendgarderobe ist in Kombination mit einem Smoking- oder Dinner-Jacket vorstellbar), sind die Werte „Unangepasstheit" und „Jugend" in den Hintergrund getreten und müssen durch neue Inhalte bzw. Zuschreibungen aktualisiert werden. Das können subkulturelle Codes sein, extravagante Kombinationen mit anderen Kleidungsstücken oder die metasprachliche Ausformulierung des Denotats /Jeans/ in Richtung Schnitt und Ausstattung.

S-ant	S-at	ideal- oder		
/Hose/	»Schutz«	prototypisch		
S-ant		S-at	Neuzeit, bürgerliche	
/Kleidung/		»Zivilisation«	Gesellschaft	
S-ant	S-at		Industrialisierung	
/Jeans/	»Arbeit«		USA 1850-1900	
S-ant			S-at	USA ab 1930
/Arbeitshosen/			»authentisch«	
S-ant				S-at
/Arbeitshosen als Kleidung von Beatniks und Hipstern/				»unangepasst«

USA ab 1950

Ein Unternehmen für Arbeitskleidung kann sich entscheiden, ob es weiterhin Arbeitskleidung bewirbt und verkauft, während die Produkte längst in einen anderen Lebenszusammenhang übergegangen sind, oder ob es diesen neuen Zusammenhang als Marke implementiert und bewirbt. So werden Marken über Jahre und Jahrzehnte mit Einstellungen und Werten angereichert, die im Sinne der Markenführung ausgewählt, betont oder abgeschwächt werden. Von Zeit zu Zeit muss in der Kommunikation darauf hingewiesen werden, dass der Ursprung der Marke ein authentischer, funktionaler gewesen ist, um sich von Marken, die sich als Mode oder Style verstehen, abzugrenzen. Die nicht mehr genutzte Funktionsbegründung dient dann als Mehrwertversprechen für die nur noch symbolische Aneignung des Kleidungsstücks als »authentisch« und »unangepasst«.

Ähnliches gilt für Marken elektronischer und digitaler Produkte, deren Präsentation und Inszenierung religiöse Züge annehmen können: Verkündung (Keynote Speech) der Botschaft an alle Gläubigen; das Zeigen des Produkts als Mittler zwischen Heiligem und Mensch; das Versprechen, dass das Produkt bei Befolgen der Regeln der Botschaft seine Besitzer zu etwas Besserem macht; die Einsicht des Konzerns in das Bewusstsein seiner Käufer, dass das Besondere viel teurer sein muss als das Gewöhnliche und auch deshalb nahezu kultische Aufmerksamkeit erheischt. All das wäre nicht möglich ohne eine Markenstrategie, in deren Zen-trum genialische Schöpfer (Steve Jobs), ein fast schon provokant reduziertes Design und eine positive Nutzerfahrung von leichter Beherrschbarkeit auch komplexester Prozesse stehen.

Code und Kultur sind für Markenkonstrukte die entscheidenden Faktoren: Sie bestimmen, welche Konnotation und in welcher visuellen (oder allgemeiner: ästhetischen) Sprache amalgamiert werden können. In diesem Fall wäre die Kultur eine Mischung aus Warenfetisch und Heiligenverehrung, der Code wird durch reduzierte Gestaltung erzeugt.

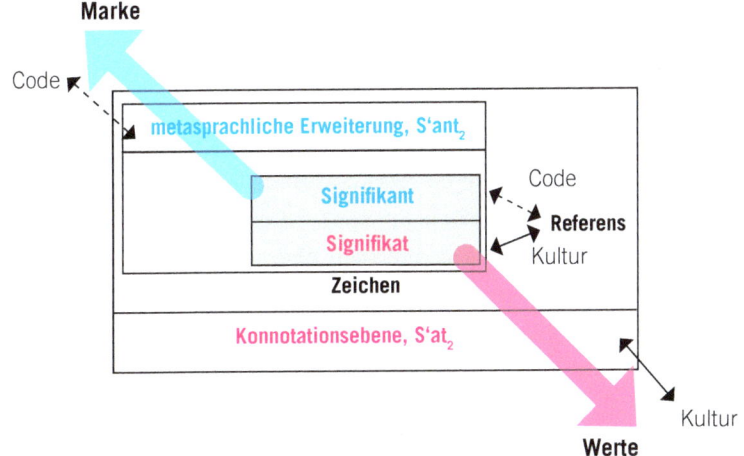

14. SEMIOTIK UND GESELLSCHAFT

Die Semiotik begreift Gesellschaft als ein kommunikatives Hypersystem. Menschen kommunizieren ständig – ob sie sich dessen bewusst sind oder nicht.

Watzlawick, Beavin, Jackson 1990, S.53

„Man kann nicht nicht kommunizieren."

Menschen kommunizieren mit verschiedensten Sinn- und Bedeutungssystemen – nicht nur mit Sprache. Die Semiotik ist die Wissenschaft und die Methode, die kommunikative Bedeutungszusammenhänge entschlüsselt, vor allem innerhalb nonverbaler Zeichensysteme und Codes.

ERKENNTNISTHEORETISCHE GRUNDLAGEN

Immanuel Kant: Kritik der reinen Vernunft. Berlin 2013, S. 97

In Abwandlung von Kants Diktum »Gedanken ohne Inhalt sind leer, Anschauungen ohne Begriffe sind blind« formuliert die Semiotik, dass Menschen nur denken, kommunizieren und bedeuten können, wenn sie Begriffe, Ideen etc. an Bilder, Objekte und sinnliche Erfahrungen binden.

Der erkenntnistheoretische Kern der Semiotik ist der Strukturalismus, der von der Existenz gesellschaftlicher Sinnsysteme ausgeht, deren Bedeutung sich sowohl relational in internen Differenzen herstellt als auch extern durch Kontexte und gesellschaftliche Praxis konstruiert wird. Ein Axiom des Strukturalismus lautet, dass nichts nur „für sich" etwas ist, sondern erst durch das Vorhandensein von etwas anderem überhaupt wahrgenommen wird und Bedeutung erhält (Prinzip der Differenz; Binarität). Bedeutung (und daraus resultierend „Sinn") wird durch systemische Relationen gesellschaftlich gebildet; nichts ist sinnhaft präfiguriert. Unter der Prämisse, dass Menschen nichts tun können, was von anderen Menschen nicht auch als kommunikativer Akt gesehen werden könnte, ist für die Semiotik jedes Objekt und jede Handlung potentiell bedeutungstragend. Die Semiotik begreift kommunikative Phänomene als Bedeutungseinheiten von Zeichensystemen.

Anders als die angelsächsisch geprägte deskriptive Linguistik hat sich die europäische Semiotik seit den 1950er Jahren unter Roland Barthes und Umberto Eco als eine Theorie gesellschaftlicher Sinnsysteme bzw. als „Kultursemiotik" profiliert. Komplementäre Wissenschaften sind Soziologie, Psychologie und Philosophie. Semiotik ist ein elementarer Bestandteil der Kultur- und Kunstwissenschaften, der Bildwissenschaft und der Kommunikationstheorie; die historisch früher entstandene Ikonologie in der Tradition Aby Warburgs und Erwin Panowskys könnte man als eine Proto-Semiotik ohne strukturales Fundament bezeichnen.

Zu Beginn der modernen Semiotik in den 1930er Jahren richtete sich das Augenmerk auf die intentionalen, für große Teile der Gesellschaft konstruierten, nonverbalen Bedeutungssysteme wie Flaggen oder Verkehrszeichen. Den Alltag mit seinen unzähligen, scheinbar sinnlosen Phänomenen nahm zuerst Roland Barthes unter die Lupe (die berühmten *Mythen des Alltags* von 1957), dann folgte Umberto Eco mit verschiedenen Arbeiten, vor allem mit der *Einführung in die Semiotik* von 1972. Seit den 1970er Jahren ist unsere gesamte Umwelt zum Feld für semiotische Untersuchungen geworden. Mit der Einsicht, dass unser Leben durchdrungen ist von Zeichen, dass alles, was da ist, potentiell Zeichen werden kann, weil es jenseits seines So-seins zum Zeichen für seinen gesellschaftlichen Gebrauch wird, scheint der Semiotik ein unendliches Feld zur Deutung zur Verfügung zu stehen. Andere Disziplinen wie die Soziologie und die Psychologie nahmen die Semiotik als Methode und Hilfswissenschaft wahr, ergänzt um die wissenschaftstheoretische Erkenntnis, dass die dahinter stehende Verfahrensweise des Strukturalismus als Erkenntnismodell und wissenschaftliches Paradigma taugte.

Es liegt auf der Hand, dass die Semiotik mit dieser Hinwendung zur Gesellschaft ihr formales, an der Linguistik orientiertes Verfahren aufgeben musste und sich der Bedeutung im soziologischen Kontext zuwandte. Die Linguistik hatte Sprache als System untersucht, die Bedeutung der Kommunikation als gesellschaftlichen Zeichenaustausch überließ sie anderen Disziplinen, denen sie teilweise mit großem Misstrauen gegenüberstand: Ein Bonmot lautet, für die Linguistik sei die Bedeutung einer sprachlichen Äußerung so relevant wie der Haarschnitt ihres Sprechers. Auch in der Semiotik gab und gibt es die Lehrmeinung, sogenannte außersemiotische Faktoren wie die gesellschaftliche Bedeutung eines Zeichens seien für die Analyse irrelevant; die Semiotik würde durch die Deutung gesellschaftlicher Zeichen zur „»Symptomatologie« gesellschaftlicher Psychopathologie" verkommen. Das mag für bestimmte feuilletonistische oder populärwissenschaftliche Erklärungsmuster zutreffen, wenn ästhetische Zustände als Indizes für gesellschaftliche Tendenzen herangezogen werden. Doch in dem Moment, wo diese Wahrnehmungen als Signifikanten eines Zeichensystems definiert werden können, das sich durch Oppositionen, Syntagmata und Ebenen auszeichnet, haben wir es mit semiotischen Phänomenen zu tun.

Krampen 1981, S. 132

14.1

LEBENSSTILE UND SOZIALER WANDEL ALS SEMIOTISCHE KATEGORIEN

Den Grundstein für diese soziologische Nutzbarmachung semiotischer Fakten legte der amerikanische Ökonom und Soziologe Thorstein Veblen, als er 1899 sein Buch über die amerikanische Oberschicht *Theory of the leisure Class* veröffentlichte. Veblen nahm Verhalten, Ri-

Thorstein Veblen:
Theorie der feinen Leute.
Frankfurt/M. 1986

tuale und Objekte, durch die sich die Oberschicht auszeichnet, unter die Lupe, und führte diese Habitus als
differentielle Funktionen auf ihre gesellschaftlichen Ursprünge zurück (nebenbei bemerkt: höchst scharfsinnig
und bisweilen sarkastisch beschrieben). Der französische
Soziologe Pierre Bourdieu hat sich in den 1960er Jahren
das Veblen'sche Paradigma erneut vorgenommen und
mit Feldforschung kombiniert. Bourdieus Untersuchungen zu ästhetischen Vorlieben als Differenzierungsinstrumente innerhalb der französischen Gesellschaft sind
soziologisch wie semiotisch von großer Bedeutung gewesen. Etwa gleichzeitig (wir sprechen von den Jahren
1968-1980) wurde die sozio-semantische Forschung auch
in angewandter Form populär. Nachdem eine Differenzierung der Gesellschaft in ein traditionelles Schichten-
oder Klassenmodell zu ungenau und von der Faktizität
überholt worden war, entwickelten in den 1970er Jahren
Psychologen und Soziologen das so genannte SINUS-Modell der (bundesdeutschen) Gesellschaft. Dieses Modell,
basierend auf der Theorie des französischen Soziologen
Emile Durckheim, geht von sozialen Milieus aus, die
sich über Konsumgewohnheiten (Konsum im weitesten
Sinne – auch von Bildung und Kultur) voneinander differenzieren und in ihren Überschneidungs- und Abgrenzungstendenzen variabel verhalten. So können Milieus
verschwinden und neue entstehen. Die Zugehörigkeit
bzw. der Kern eines Milieus macht sich über Verhaltensweisen, Überzeugungen und das Konsumverhalten bzw.
die Produktwahl als Statuswahl deutlich: getreu der Auffassung, dass Objekte nie bloße Funktionsträger, sondern
Zeichen ihres gesellschaftlichen Gebrauchs und ihrer gesellschaftlichen Gebraucher sind. Wissenschaftlich aufgearbeitet hat diesen Paradigmenwechsel in den 1990er
Jahren der Soziologe Gerhard Schulze in seinem fundamentalen Werk *Die Erlebnisgesellschaft* von 1993.

Die aktuelle Markt- und Zielgruppenforschung kann
gar nicht anders, als Konsumenten nach milieu- oder stil-

Pierre Bourdieu: Die
feinen Unterschiede.
Frankfurt/M. 1982

http://www.sinus-
institut.de/loesungen/
sinus-milieus.html

Gerhard Schulze:
Die Erlebnisgesellschaft.
Frankfurt/M. 1993

bildenden Produkten und Verhaltensweisen abzufragen bzw. zu kategorisieren und über die Konstruktion von Sets relevanter Produkte Lebensstile abzubilden, zu denen ein neues Produkt passen könnte – nicht, weil dieses Produkt funktional neu ist, sondern weil es im semiotischen Sinn ein sinnvolles paradigmatisches Element innerhalb eines lebenspraktischen Syntagmas werden soll.

14.2
ALLTAGSÄSTHETIK

Heute gibt es eine Pluralität von Lebensstilen, die noch vor 50 Jahren undenkbar war. Die damit einhergehende *Ästhetisierung der Alltagswelt* (Schulze 1993) hat zu einer Vervielfältigung von Wahlmöglichkeiten und Distinktionsmöglichkeiten durch Design im weitesten Sinne geführt. Um 1900 war die Auswahl eines Lebensstils fast nicht möglich – es gab einen vorherrschenden Geschmack von „oben", der je nach den ökonomischen Möglichkeiten der Klassen und Schichten gestalterisch und materialtechnisch heruntergeschraubt wurde. Zudem machten Klassenschranken einen Wechsel des Lebensstils nahezu unmöglich. Heute hat die Auswahl eines Lebensstils nur bedingt mit materiellen Möglichkeiten zu tun – es zählen eher Kategorien der Distinktion durch Geschmack.

Die Ästhetisierung des Lebens ist untrennbar mit den Möglichkeiten ausdifferenzierter Gesellschaften und mit medialen Prozessen verknüpft. Alles, was wir heute tun, ist potenziell ästhetisch wirksam und damit Objekt eines Designprozesses und einer kritischen Dekonstruktion durch uns, die Betrachter, gleichermaßen. Wir sind Semiotiker des Alltags, mal als kreative PraktikerInnen, mal als konsumierende und begutachtende Mitglieder der jeweiligen Gesellschaft und Kultur. Das analytische Modell einer Objektmatrix (Kapitel 7 und 9.1), die Möglichkeit, alle Kombinationen eines Objektfeldes auszuspielen und daraus Neues zu bauen, ist heute selbstverständlich geworden – für Praktiker im Job (Mode, Design, Produktentwicklung, Medien) wie für diejenigen, die ihren „Style" aus den vorhandenen Möglichkeiten kombinieren und variieren. Dieser Bezug auf den Alltag hat nicht allen gefallen; nach wie vor gilt die Beschäftigung mit dem Flüchtigen, mit Moden und Lebensstilen als ineffizient, als nicht valide oder einfach nicht wissenschaftlich relevant.

Eine Schwalbe macht noch keinen Sommer, lautet ein Sprichwort. Ein Signifikant allein taugt nicht zur Bildung eines Bedeutungsraums, sondern es müssen verschiedene Signifikanten zusammenkommen, die in ihrer Kombination zueinander und der Differenzierung anderen Sinnzusammenhängen gegenüber als Zeichen oder Bedeutungseinheit gelesen werden können. Diese Anwendung der semiotischen Methode kann sich von der Exploration neuer Gestaltungstrends und Lebensstile bis zur Erkennung politisch extremer Gruppierungen erstrecken, sie verbindet die Wahrnehmung ästhetischer, non-verbaler Erscheinungen mit den gesellschaftlichen Ideen, die damit verknüpft sein können. Das Exotische der Semiotik mag dahin sein – das Alltägliche mit einer alltäglichen Strategie zu durchleuchten, bleibt eine immerwährende und immer spannende Aufgabe.

15. ANHANG
15.1 GLOSSAR

Ambiguität, ambig: Mehrdeutigkeit, mehrdeutig

arbiträr: willkürlich im Sinne von nicht motiviert

Code: Operation, die das Verhältnis von den Signifikanten zu den Referenten und von Signifikanten untereinander regelt

Denotation: erste Bedeutung oder Gegenstandsbedeutung; lexikalisierte Bedeutung

Dichotomie: Zweiteilung; in Linguistik und Semiotik ein Begriffspaar, das nur als Paarbeziehung existiert (z. B. Signifikant-Signifikat)

Dreieck, semiotisches: Modell für den Zeichenprozess, der neben der Dichotomie von S'ant und S'at auch das Referens miteinbezieht

Idiolekt: individuelle Ausformung der Langue durch den Sprecher

Ikon: ursprünglich „Bild"; abbildhafte, mimetische Repräsentation des Referens im Signifikanten

ikonografisch: Methode und Analyse der Darstellungsweisen in der Kunst und Darstellungstechnik

Index: ursprünglich „Anzeichen"; physisch hinweisende oder kausale Beziehung des Signifikanten zum Signifikat und raumzeitlicher Bezug zum Referens

Interpret: der Leser eines Zeichens; jemand, der einen Signifikanten mit einem Signifikat verbindet und damit Semiose herstellt

Kommutationsprobe: Austauschprobe; ein Signifikant oder ein Bestandteil davon wird ausgetauscht, um die Bedeutung tragenden Teile zu markieren

Konnotation: Mit- oder Zweitbedeutung; Konnotationen sind die aus Geschichte und sozialem Gebrauch gebildeten Bedeutungsschichten oder -bestandteile

Konventionalisierung: die von einer Gemeinschaft entwickelten Regeln zur Codierung von Signifikanten und Signifikaten

kulturelle Einheit: von U. Eco vorgeschlagene Definition des Signifikats als Ergebnis kultureller Konventionalisierung

Langue: Regeln und Inventar eines Zeichensystems

Lexem: inventarisiertes (Sprach-)Zeichen

Mentefakt: kulturell hervorgebrachtes Gedankenbild

Metasprache: Sprache, die über Sprache reflektiert; ein System, das das System überschreitet

Mythos: Bedeutungsebenen jenseits der Denotation; Sinnsystem bzw. Ideologie, um aus Kultur Natur zu machen (ursprüngl. in d. Ethnologie u. Anthropologie)

Opposition: Gegensatzverhältnis, das Grundlage für Bedeutung und einen „Sinn" ist

Paradigma: griechisch für „Beispiel"; Auswahl aus Möglichkeiten

Parole: Zeichenpraxis, Verwendung von Zeichen durch den Nutzer/Sprecher

Referens: Bezugsgröße des Zeichens; Vor-Bild in der realen Welt und/oder in der kollektiven Vorstellung

Sem: das kleinste Bedeutung tragende oder unterscheidende Merkmal oder Element

Semantik: Bedeutungslehre

Semiologie: französischer Terminus für die Semiotik

Semiose: Zeichenprozess, Zeichenverwendung

Signifikant: Bedeutendes, sinnlich wahrnehmbare Form des Zeichens

Signifikat: Bedeutetes, gedankliches Konstrukt des Zeichens

Strukturalismus: Wissenschaftstheorie, die die Welt als System von Beziehungen begreift und erklärt

Symbol: (allgemein:) Zeichen; (speziell:) arbiträre, konventionalisierte Form des Signifikanten

Syntagma: Verkettung, Aneinanderreihung von paradigmatischen Elementen zu einem Zeichen oder -cluster

Zeichensystem: Sinn- oder Kommunikationssystem, das eine doppelte Gliederung erkennen lässt (Code)

15.2 AUSGEWÄHLTE LITERATUR

Die im Folgenden aufgeführten Werke gehören einerseits zu den Klassikern der Semiotik, andererseits zu den Klassikern der im weitesten Sinn semiotischen Grundlagenforschung oder sozio-semantisch beeinflussten Analysen. Diese kleine Liste soll Interessierten lediglich als Einstieg dienen.

SEMIOTIK:

Barthes, Roland: Mythen des Alltags. Frankfurt; 1964

Barthes, Roland: Der Mythos heute. In: Mythen des Alltags. Frankfurt; 1964

Barthes, Roland: Elemente der Semiologie. Frankfurt 1981

Barthes, Roland: Die Sprache der Mode. Frankfurt 1985

Barthes, Roland: Die Fotografie als Botschaft. In: Der entgegenkommende und der stumpfe Sinn. Frankfurt 1990

Barthes, Roland: Rhetorik des Bildes. In: Der entgegenkommende und der stumpfe Sinn. Frankfurt 1990

Eco, Umberto: Einführung in die Semiotik. München 1972

Eco, Umberto: Zeichen. Einführung in einen Begriff und seine Geschichte. Frankfurt 1977

Gros, Jochen: Grundlagen einer Theorie der Produktsprache. Hochschule für Gestaltung Offenbach, Heft 1-4, 1983/1987

Hjelmslev, Louis. Prolegomena zu einer Theorie der Sprache. München 1974

Krampen, Martin: Ferdinand Saussure und die Entwicklung der Semiologie. In: Krampen/Oehler/Posner/Uexküll (Hrsg.): Die Welt als Zeichen. Klassiker der modernen Semiotik. Berlin 1981

Morris, Charles. W.: Grundlagen der Zeichentheorie. Ästhetik und Zeichentheorie. München 1975

Morris, Charles. W.: Zeichen, Wert, Ästhetik (Hrsg. A. Eschbach). Frankfurt 1977

Pierce, Charles S.: Schriften 1 und 2. Frankfurt 1970

Saussure, Ferdinand der Grundfragen der allgemeinen Sprachwissenschaft. Berlin 1967

Trabant, Jürgen: Elemente der Semiotik. München 1976

PSYCHOLOGIE, SOZIOLOGIE, BILDWISSENSCHAFT:

Berger, John: Sehen. Das Bild der Welt in der Bilderwelt. Reinbek 1974

Baudrillard, Jean: Das System der Dinge. Frankfurt 1991

Bourdieu, Pierre: Die feinen Unterschiede. Zur Kritik der gesellschaftlichen Urteilskraft. Frankfurt 1982

Hellmann, Kai-Uwe: Soziologie der Marke. Frankfurt 2003

Heubach, Friedrich W.: Waren als Bedeutungsträger. Die heraldische Funktion von Waren. In: Eisendle, R., Miklautz, E. (Hrsg.): Produktkulturen. Dynamik und Bedeutungswandel des Konsums. Frankfurt 1992

Kaemmerling, E. (Hrsg.): Bildende Kunst als Zeichensystem. Ikonographie und Ikonologie. Köln 1994

Panowsky, Erwin: Sinn und Deutung in der bildenden Kunst. Köln 1975

Piaget, Jean: Das Erwachen der Intelligenz beim Kinde. Stuttgart 1969

Simmel, Georg: Die Philosophie der Mode. Berlin 1905

Schulze, Gerhard: Die Erlebnisgesellschaft. Kultursoziologie der Gegenwart. Frankfurt 1993

Schwarz, Udo (Hrsg.): www.modetheorie.de

Veblen, Thorstein: Theorie der feinen Leute. Eine ökonomische Untersuchung der Institutionen. Frankfurt 1987

Watzlawick, Paul/**Beavin**, Janet H./**Jackson**, Don D.: Menschliche Kommunikation. Bern 1990

NOTIZEN

www.ingramcontent.com/pod-product-compliance
Lightning Source LLC
Chambersburg PA
CBHW041058180526
45172CB00001B/14